U0210011

济阳拗陷近地表特征与探测方法

韩文功　张光德　杨剑萍　著

科学出版社

北　京

内 容 简 介

本书汇集了济阳拗陷近地表岩性特征和精细探测方法等信息,重点研究了晚第四纪济阳拗陷浅层沉积物的岩性特征、沉积相特征、沉积物分布规律以及沉积演化和常用的探测技术等,有助于阐明该区沉积物的时空分布特征、沉积物与地震响应信号的关系,探寻最适合地震激发的岩性和深度,以指导地震勘探激发点位布设、激发深度选择和资料处理分析研究等工作。

本书适合从事第四纪研究及地震勘探的人员,尤其适合从事石油勘探的技术人员阅读,也可供广大石油勘探科研人员参考。

图书在版编目(CIP)数据

济阳拗陷近地表特征与探测方法 / 韩文功, 张光德, 杨剑萍著 .—北京:科学出版社, 2017

ISBN 978-7-03-052503-1

Ⅰ.①济… Ⅱ.①韩… ②张… ③杨… Ⅲ.①拗陷–近地面层–地震地质学–济阳 Ⅳ.①P315.2

中国版本图书馆 CIP 数据核字 (2017) 第 078056 号

责任编辑:焦 健 陈娇娇 韩 鹏 / 责任校对:何艳萍
责任印制:肖 兴 / 封面设计:铭轩堂

科学出版社 出版
北京东黄城根北街 16 号
邮政编码:100717
http://www.sciencep.com

中国科学院印刷厂 印刷
科学出版社发行 各地新华书店经销

*

2017 年 5 月第 一 版 开本:787×1092 1/16
2017 年 5 月第一次印刷 印张:15
字数:356 000

定价:188.00 元
(如有印装质量问题,我社负责调换)

前　言

　　胜利油田勘探开发的主阵地济阳拗陷地质构造复杂，油气资源丰富，油气藏类型多样，被勘探学者誉为"石油地质的大观园"，至今已发现 70 多个油气田，成为中国重要的石油产区。地震勘探技术为胜利油田的发现和发展发挥了巨大作用。近年来随着勘探的深入，胜利油田进入隐蔽油气藏勘探阶段，常规三维地震资料不能满足复杂隐蔽油气藏勘探的需求。伴随着地震勘探理论、方法和装备技术的进步，对高精度地震勘探有重大影响的近地表认知、岩性探测技术、精细建模及应用方面也在经历一场深刻的变革。如何综合利用多种近地表探测设备，有效地提高地震资料的勘探精度，成为勘探工作者迫切需要解决的问题。

　　关于近地表问题的认识和研究也是个不断深化的过程。在济阳拗陷 40 多年的地震勘探工作中，针对采集、处理、解释进行了大量研究工作，但是对近地表的研究和认识非常少，长期以来没有得到充分重视，过去我们认为平原区近地表比较均匀，纵横向变化不大，测试方法非常有限，主要是采用小折射、微地震测井方法，测试参数极其简单，粗略测试近地表的速度、厚度参数，测试精度比较低，近地表资料应用非常简单，采集上根据低降速带厚度确定激发井深，采用统一井深进行施工，处理上也只简单应用近地表资料进行静校正处理。

　　近 10 年间，随着勘探精度不断提高，地震勘探工作者已深深地感受到济阳拗陷近地表的复杂多样对资料带来的影响。以东营凹陷南斜坡为例，在基底岩性、构造等特征相同，激发介质条件也相同的情况下，小清河南北两侧地震记录存在明显差异。在沾化凹陷和惠民凹陷都有类似的情况，这是困扰当前地震勘探的重大难题。而表层试验数据显示，近地表浅层沉积物特征与地震数据的采集、处理有着直接的关系，是影响高分辨率地震勘探的重要因素。

　　济阳拗陷由东营、惠民、沾化和车镇四个主要凹陷和若干分隔凹陷的凸起组成，浅层沉积物是河流及湖泊演化、古气候变化、海平面升降的天然记录。晚第四纪以来，由于黄河河道不断迁移、气候发生周期性变化，黄河下游地区的沉积环境发生了频繁的变迁，这包括河道迁移、古湖泊进退和海平面变迁等，沉积环境频繁变化使得表层沉积物的展布较为复杂。近年来的油气勘探实践表明，浅层沉积物的岩性、粒度及其空间分布规律会直接影响地震勘探的效果。因此，对这些沉积物综合开展沉积学、地层学研究将有助于剖析济阳拗陷的泥沙分布规律，恢复地质历史时期水系变迁、气候变化和海平面变化的过程。结合近年来的油气地震勘探工作，本书重点对东营凹陷、惠民凹陷和沾化凹陷进行研究总结。

　　本书利用近地表岩性、速度精细探测手段，重点研究晚第四纪济阳拗陷浅层沉积物的岩性特征、沉积相特征、沉积物分布规律及沉积演化等信息。这些研究工作的开展，有助于查明该区沉积物的时空分布特征，通过研究沉积物与地震响应信号的关系，找到最适合地震激发的岩性和深度，可直接用以指导地震勘探激发点位布设和激发深度选择，因而具有重要的理论和实际意义，弥补该区第四纪研究的空白。

本书第 1 章概要介绍济阳拗陷的区域地质背景、研究现状、浅层沉积物特征以及采用的近地表探测方法概述。第 2 章介绍东营凹陷浅层沉积物的岩性特征、沉积相特征，以及典型地区的浅层沉积物分布规律。第 3 章介绍惠民凹陷浅层沉积物的岩性特征、沉积相特征，以及典型地区的浅层沉积物分布规律。第 4 章介绍沾化凹陷浅层沉积物的岩性特征、沉积相特征，以及典型地区的浅层沉积物分布规律。第 5 章介绍东营凹陷、惠民凹陷、沾化凹陷的浅层精细建模，并且对近地表吸收衰减规律进行分析。第 6 章介绍近地表岩性精细探测方法，重点介绍本书试验用到的动力岩性探测方法、静力岩性探测方法和近地表岩性测井探测方法，以及利用地震子波识别岩性的方法。第 7 章介绍近地表速度精细探测方法，重点介绍小折射方法、单井微地震测井方法、双井微地震测井方法、瑞利波方法、三分量多波方法、地质雷达方法。第 8 章介绍近地表岩土物性参数测试与分析方法，重点介绍描述岩土物理性质的特征参数、测试方法和分析应用。

本书是近 10 年来对地震勘探实地调查与室内分析的经验总结。突出特点是在叙述一般地质学理论的基础上，利用近年来发展迅速的一些新方法和新技术，对岩土数据进行野外的取样和室内的处理分析，还列举了一些生产中的应用实例。在编写过程中力求做到通俗易懂、深入浅出、概念明确。由于编者水平所限，书中难免存在疏漏之处，恳请读者批评指正。

作 者
2017 年 4 月

目　　录

第1章 绪 论

济阳拗陷近地表沉积是指第四系以来受河流、风力、海潮的影响所形成的浅表地层，以往东部老区勘探对近地表资料重视不够，近地表结构参数不能精确描述沉积介质的特征，缺乏精确的探测方法来有效指导激发条件的优选和静校正参数的选择。近年来，东部老区近地表结构的复杂程度、表层结构精细调查和应用越来越受到重视。尤其是东部老区近地表结构受到黄河不断改道的影响，形成了地表平坦，而近地表横向和纵向上沉积岩性变化剧烈的特点。不同时期形成的沉积叶瓣在横向上互相错动、纵向上互相叠加，形成该地区近地表岩性横向和纵向变化复杂的特点，而这一特点，严重制约了地震资料品质的提高。本章主要概述了济阳拗陷的区域地质背景、区域第四纪沉积研究现状、济阳拗陷浅层沉积物特征及演化、近地表探测方法等内容。

1.1 区域地质背景

1.1.1 济阳拗陷构造位置

济阳拗陷构造上位于渤海湾盆地东南部，由东营、惠民、沾化及车镇四个主要凹陷和若干分隔凹陷的凸起组成（图 1.1）。济阳拗陷总体走向呈北东向，由南向北东撒开，总面积约 26200km^2。

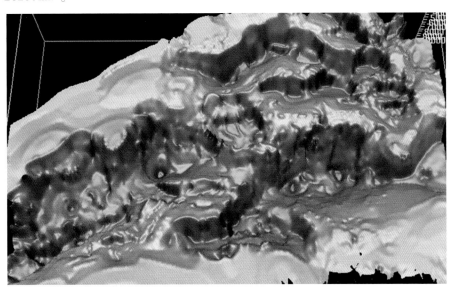

图 1.1 济阳拗陷基底构造形态（摘自胜利油田部署会材料）

1.1.2　济阳拗陷地理位置

济阳拗陷在地理位置上位于山东省北部，东临渤海，西至津浦铁路，北以四女寺河与河北省为界，南至胶济铁路，大体位于东经 116°40′ ~ 119°，北纬 37° ~ 38° 的地理范围，主要分布于山东省东营市、滨州市和德州市境内（图 1.2）。区内有黄河、小清河、徒骇河和马颊河等河流，大部分地区地势平坦，主要分布在黄河下游的冲积平原和入海三角洲地区。济阳拗陷浅层沉积物是河流、风、海洋地质营力共同作用的产物，黄河将泥沙携带到三角洲地区，入海泥沙又会受到波浪、潮汐的改造而重新分配。

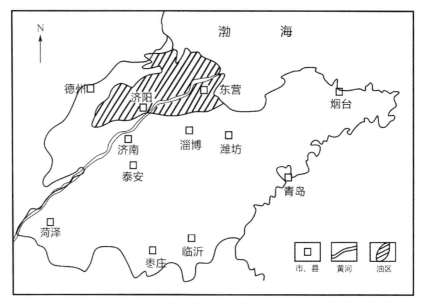

图 1.2　济阳拗陷地理位置示意图

1.1.3　重点代表区地理位置

根据济阳拗陷构造特征，本书重点针对东营凹陷、惠民凹陷和沽化凹陷进行研究，重点区块包括东营凹陷的胜北地区、高 94 地区、草桥地区；惠民凹陷的商河地区、临南地区；沽化凹陷的义东地区、五号桩地区；等等。

东营凹陷北坡和南坡地震资料品质明显不同，近地表特征存在明显差异，选择位于东营凹陷北坡的胜北地区、位于东营凹陷南斜坡高 94 地区和草桥地区（图 1.3）进行研究，解剖东营凹陷近地表结构特征。

惠民凹陷地震资料的主频较低，频宽较窄，呈现出与东营凹陷、沽化凹陷不一样的特征，但整个凹陷内特征基本一致。因此，选择惠民凹陷北部的商河地区、南部的临南地区（图 1.3）进行研究，揭示惠民凹陷的近地表特征。

沽化凹陷位于河海交汇处，因此，选择凹陷东部的五号桩地区和西部的义东地区

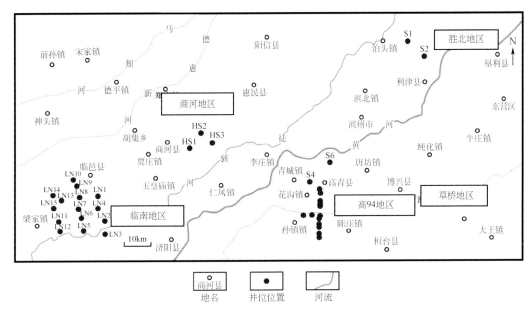

图 1.3 东营凹陷、惠民凹陷重点探区位置图

(图 1.4)进行研究,解剖沾化凹陷的近地表特征。

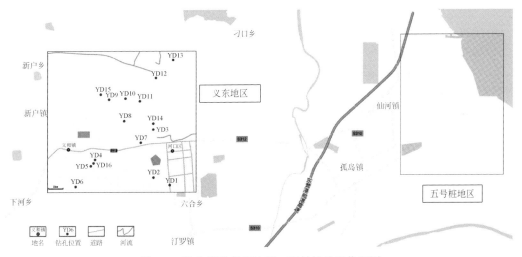

图 1.4 沾化凹陷义东地区、五号桩地区位置图

1.2 区域第四纪沉积研究现状

1.2.1 济阳拗陷浅层沉积研究现状

济阳拗陷的地质调查研究始于 1958 年,当时北京地质学院(今中国地质大学)在该

区进行了 1：20 万区域地质调查工作。1960～1964 年，原地质部海洋地质研究所编制了黄河三角洲分流河道图和沉积物分布图。1968 年，水利部黄河水利委员会及河口水文实验队又对该图作了补充，并标出了 1855 年的古海岸线位置。1974～1982 年，中国科学院地球化学研究所对黄河三角洲全新世地层进行了划分，中国冶金地质勘查工程总局山东局水文队对本区地下水进行了调查，水利部黄河水利委员会水利科学研究所对黄河水沙特征进行了研究。总之，1958～1982 年，对黄河三角洲的调查研究主要集中在地形、地貌、沉积物与水沙基本特征的描绘上。从 20 世纪 80 年代中期开始，黄河三角洲的研究进入一个全新的时期。1984 年，在山东省海岸带调查办公室的统一领导下，有关部门联合参加开展了综合性的调查研究，包括气象、水文、地质、地貌及人文经济等方面，其研究成果《黄河口调查区综合调查报告》于 1991 年出版。此后，大量的研究人员对黄河三角洲开展了较深入的专项调查研究，其中较大型的科研项目包括：1985～1987 年，青岛海洋大学与美国合作开展了"渤海中南部及黄河日沉积动力学研究"，对黄河水下三角洲地貌形态及底坡不稳定性作了调查研究；1986～1994 年，中国地质矿产部海洋地质研究所与荷兰合作，先后开展了"黄河三角洲现代沉积作用及其模式"和"黄河三角洲全新世演化及环境地质"的调查研究，在现代黄河三角洲施工了数十个钻孔，对黄河三角洲的沉积动力学、现今陆上三角洲平原部分的三维格架以及全新世以来三角洲的演化进行了详细研究。此外，从 20 世纪 80 年代后期以来，胜利油田邀请有关单位开展了黄河三角洲建港区海洋动力调查、三角洲北岸海域海洋环境地质调查和海上石油平台周围条件的调查等，提供了小范围内详细的海洋动力和底质资料。

近年来，在济阳拗陷开展的第四纪地质研究主要集中在海岸线变迁、三角洲地区海陆相互作用、三角洲沉积特征与模式、三角洲沉积物年代、河道迁移及其环境影响和黄河水系贯通等问题。关于海岸线变迁的研究主要集中在利用史料记载（高善明等，1989；杨玉珍，2008）、古贝壳堤的发育（李绍全等，1987；王强等，2007；杜廷芹等，2008）和海相沉积层的发现等方面（杨怀仁、王建，1990；成国栋等，1991，1997）。三角洲地区海陆相互作用方面的研究主要讨论黄河泥沙向海输送和沉积过程，以及河流、波浪、潮汐共同作用下三角洲沉积的改造作用（叶青超，1982；成国栋，1991；成国栋等，1997；）。三角洲沉积特征与模式的讨论主要集中在三角洲沉积构造（鲜本忠等，2003a；姜在兴等，2004）、三角洲沉积模式和三角洲形成过程（成国栋，1991；成国栋等，1997；林承焰等，1993；姜在兴、王留奇，1994）。三角洲沉积物年代的确定主要用到了 ^{14}C 定年（成国栋，1991；成国栋等，1997；王永吉等，2003）、古地磁定年（杨怀仁、王建，1990；辛春英、何良彪，1991）和 ^{210}Pb 定年的研究（李凤业、袁巍，1992；薛春汀，2009）。河道迁移的影响主要讨论黄河改道对华北平原塑造（张祖陆，1990）和对下游湖泊演化的作用（张维英等，2003；张祖陆等，2004a；袁祖贵等，2005）。杨守业等（2001）结合胜利油田石化总厂附近石化 2 井第四系沉积物元素地球化学特征的变化讨论了黄河贯通的时限。于洪军（1999a）结合渤海-冲绳海槽浅地层剖面记录，讨论了冰期时期黄河流路问题。

1.2.2　东营凹陷浅层沉积研究现状

前人对东营凹陷南斜坡第四纪的研究主要集中在对黄河三角洲的浅层研究，而对南斜坡的第四纪浅层研究文献几乎没有，在此重点叙述前人研究黄河三角洲的第四纪浅层成果。

　　近年来，在黄河三角洲地区开展的第四纪地质研究主要集中在海岸线变迁、三角洲地区海陆相互作用、三角洲沉积特征与模式、三角洲沉积物年代、河道迁移及其环境影响和黄河水系贯通等问题。前人关于海岸线变迁的研究主要集中在利用史料记载、古贝壳堤的发育和海相沉积层的发现（薛春汀等，1988；王强等，2007；杨玉珍，2008）。成国栋（1991）对三角洲地区海陆相互作用方面的研究主要讨论黄河泥沙向海输送和沉积过程及河流、波浪、潮汐共同作用下三角洲沉积的改造作用。三角洲沉积特征与模式的讨论主要集中在三角洲沉积构造、三角洲沉积模式和三角洲形成过程（姜在兴等，2003，2004）。

　　小清河是东营凹陷的主要河流，小清河流域为西起济南，东至渤海湾，南缘泰鲁沂山地北麓，北界黄河之间的区域。在史前及历史时期，小清河流域湖泊广布，在地层沉积记录和古文献记载中均得以证明。这些湖泊形成于早全新世，在中全新世达到鼎盛，晚全新世以来湖泊逐渐衰退与消亡，如原来存在的鹊山湖、浒山湖、清水泊等湖泊，这在古文献中也多有记载，现已在平原上消失。张祖陆等（2004a）通过查阅历史文献、地层剖面分析、地名考证等多种途径和方法对小清河流域湖泊消失的原因进行了研究和分析。认为在气候变干的大背景下，湖泊消失的原因主要有两个：一是黄河泛滥所造成的小清河流域的泥沙淤积；二是疏浚河道、围湖造田、过度利用水资源等人类活动的影响。

　　陈斌等（2009）对小清河河口附近海域泥沙特征进行了探讨；杜廷芹等（2008）讨论了小清河河口海域冬季悬浮体特征；李福生等（2001）对小清河底部沉积物的放射性水平及其变化规律进行了研究。前人对小清河流域东营凹陷南斜坡第四纪浅层沉积特征的研究却是一片空白。

　　一直以来，对黄土的研究都是第四纪浅层研究的重点，对第四纪风成黄土的研究，有助于分析第四纪古地理环境和古气候。国内研究得比较多的是西北黄土高原；山东省内的风成黄土报道近几年也逐渐增多，其中山东青州的风成黄土和蓬莱庙岛群岛的风成黄土是前人研究比较多的沉积类型。

　　张祖陆等（2004）利用古生物对比、粒度分析和光释光测年等手段，对山东地区的黄土进行分析得出：山东地区的黄土在不同的地区有差异，说明山东地区黄土物质来源的多样性，胶东半岛渤海沿岸地区与庙岛群岛黄土物源主要来自晚更新世末次冰期出露的渤海陆架风化沉积物，是典型的陆架黄土；而青州以西的黄土堆积则主要是由于西北强气流带来的粉尘，也有少部分陆架黄土。刘乐军等（2000）对鲁中黄土进行粒度分析和野外地质剖面调查得出：鲁中黄土为风成的，主要由低空带来的近源粗粒物质和高空带来的远源细粒物质组成，且主要物源为冰期裸露的莱州湾海底和黄泛平原，同时通过黄土的研究对古气候进行了恢复。彭淑贞等（2007）针对山东青州地区傅家庄黄土剖面进行了粒度分析，并与黄土高原的第四系黄土、北京现代降尘和剖面附近的河流相沉积物进行对比，从沉积学角度得出青州黄土的主要物质来源为沉积区以北的黄泛平原和莱州湾等地出露的海相地层，其次是高空气流携带的西北内陆远源粉尘。张祖陆（1995）对渤海莱州湾南岸平原的黄土阜进行研究，通过黄土沉积特征、粒度结构特征、黏土矿物分析、微体古生物化石分

析和 ^{14}C 测年等手段对黄土阜进行讨论，研究结果说明莱州湾黄土阜的形成原因和时期为晚更新世，同样认为黄土的物质来源为裸露的渤海陆架，并对黄土沉积所代表的古气候进行了总结。郑红汉等（1994）针对山东半岛的大量黄土样品进行热释光（TL）和 ^{14}C 测年得出：山东半岛最老的黄土层位为 L_q，年龄为 0.8Ma B. P. 。曹家欣等（1987）单独对山东庙岛群岛的黄土剖面进行研究，并通过古生物对比、粒度分析、野外剖面调查和矿物测试等手段说明庙岛群岛黄土的物质来源，认为黄土来源于近源的海底沉积物和内陆远源粉尘。徐建树（2008）对山东庙岛群岛黄土的粒度特征进行分析，并讨论了其古环境意义，通过研究得出庙岛群岛黄土的物源与前人研究的成果相同，且对黄土所代表的古气候意义作出了分析，认为在庙岛群岛黄土沉积期经历了 6 次气候变冷、渤海湾海平面下降和6 次气候变暖、渤海湾海平面上升的事件。彭淑贞等（2010）对山东青州地区黄土的地层年代进行了研究，并对傅家庄黄土剖面进行了系统的磁性地层学分析，利用光释光测年和黏土矿物分析手段，结果表明：青州地区黄土发育的年代未达到布容/松山界限，且底界年龄在 500ka 左右，并通过黏土矿物的对比证明青州黄土的物质来源主要是冰期裸露的渤海湾陆架和黄泛平原的松散物质，而没有西北内陆粉尘。于洪军（1999b）通过对中国东部黄土成因特征的分析，总结了中国东部黄土在物源上的多源性类型。孙东化等（2000）利用黄土的粒度参数和粒度频率曲线形态，分析了黄土所代表的古气候意义。

1.2.3　惠民凹陷浅层沉积研究现状

惠民凹陷浅层沉积特征的研究主要集中于鲁北及华北古河道的研究。

古河道是水系变迁、河流改道、河床演变以后，遗留在地面或埋藏在地下的地貌类型和地质体，包括古河床上的河漫滩和河道两部分（袁文英、吴忱，1991）。

古河道的研究是一门新崛起的科学，它是介于河流地貌与河床演变学之间的边缘学科。目前，古河道的研究已得到国内外广大地学、水资源、农业和建筑等各行业工作者的关注。古河道的研究具有重要意义，尤其在水利和农业方面，因其具有砂层厚、颗粒粗、孔隙大的特征，有利于地下水资源的开采和储存；在地学方面，根据古河道的几何形态及其沉积物特征可以分析古河道形成时的水动力条件和气候特征，恢复古地理环境（孙仲明，1984）。

华北地区古河道研究始于 1959 年，波兰专家安克列兹柯夫斯基为寻找地下水，对埋深 350m 以上的古河道进行了研究，将古河道的概念引入该地区。在国内，从 1961 年至今，河北省地理科学研究所吴忱等一直致力于华北平原古河道的研究，取得了丰硕的成果；具体到鲁北地区，从 1984 年开始，山东师范大学张祖陆等结合山东省地貌区划，对鲁北平原古河道做了精细的文字描述，并绘制了相关图件（吴忱，1991）。

华北平原埋深 0～50m 内，发育数条南北—北东方向呈条带状分布的砂带，长 100～400km，宽 2～20km，由各种粒级的砾石、砂、粉砂组成，吴忱等（2000）从横纵剖面形态、滞留沉积、推移质和悬移质相对含量、沉积旋回、粒度以及沉积构造等方面，系统总结了其河流相标志，并证明华北平原中部及南部古河道均由黄河形成。鲁北平原的古河道尤其发育，大致占全平原区的 65%，张祖陆（1990）将其在纵向上分为地面古河道（埋深 0 ~ 8m) 和浅埋古河道 (埋深 8 ~ 40m), 在空间上分为北部、中部和南部三条主体古河道带, 其中中部的一支沿莘县–聊城–茌平–禹城–临邑–商河–惠民–无棣–沾化一带展布, 经过商河和临南地区。

华北平原从地表至埋深 50 ~ 60m 的地貌体内, 发育多期古河道。吴忱 (1991) 依据侵蚀面与河床滞留沉积、河流的二元结构、生物化石、地下水类型、重矿物组合、沉积构造等资料从上往下将其划分为六期, 并通过 ^{14}C 测年等资料判断第四期古河道时间下界为晚更新世晚期, 形成时间为 25 ~ 11ka 前。张祖陆利用粒度、重矿物、孢粉和 ^{14}C 测年等资料将鲁北平原埋深 50m 以内的古河道从下往上划分为三期, 每一期对应一个沉积旋回, 从下往上沉积物粒度总体变细。

古河道的发育受多种因素影响, 其中气候因素影响最大, 它不仅决定温度、降水量的变化, 还影响植被、河流水动力条件等因素。张祖陆 (1990) 等利用孢粉和 ^{14}C 测年资料推测出鲁北平原 30 ~ 40m 深度处古河道开始沉积时间约为 25ka 前, 即晚更新世晚期玉木晚冰期 (即末次冰期) 开始的时间。许清海和王子惠 (1991) 研究指出末次冰期以来华北平原的气候发生了较大变化, 盛冰期时 (距今 18ka) 气温比现在低 8℃ 左右, 降水少, 气候寒冷干燥; 随冰期结束, 气温迅速回升, 全新世早期 (10 ~ 7.5ka B.P.) 气温与现在相似; 全新世中期 (7.5 ~ 2.5ka B.P.) 气候温暖湿润, 植被发育, 气温较现在高 2 ~ 3℃, 降水量较现在多 200mm 左右; 全新世晚期 (2.5ka B.P. 至今) 气候开始变凉偏干, 降至现在的状况。随气候的变化, 古河道发育了不同的期次。此外, 地貌、生物、新构造运动等也不同程度影响了古河道的发育。

夏东兴等 (1993) 从沉积物、古气候等角度系统总结了末次冰期以来黄河的变迁, 指出晚更新世晚期, 即末次冰期时现今的黄河未贯通三门峡, 而是以内陆封闭式的水力系统存在, 所以华北平原沉积物形成于较小的山前河流和风成沉积, 而非黄河, 此观点与上述观点相悖。

华北平原古河道, 特别是鲁北平原古河道形成机理研究较为成熟。晚更新世晚期至全新世早期, 全球气候由末次冰期向温暖的冰后期演变, 气候寒冷干燥, 此时黄渤海干涸为陆, 侵蚀基准面降低, 河流下切侵蚀强烈, 在间冰期形成的棕红色黏土上形成显著的侵蚀面, 随气候转暖, 海平面上升, 河流发生堆积, 但水动力条件较强, 沉积以中细砂为主, 且厚度较大。全新世早期到中期, 全球进入温暖的冰后期, 我国东部出现最高海平面, 河流侧向侵蚀作用加强, 曲流河段发育, 沉积以细粉砂为主。全新世中期到晚期, 气候又转向温凉偏干, 海平面有所下降, 沉积物以粉砂、黏土为主, 类似于现代黄河沉积 (张祖陆, 1990)。吴忱等 (1992) 由此指出世界所有受冰期低海平面控制的外流性大河, 普遍发育一期古河流相沉积, 并将华北平原的古河道与中国东部, 以及全球滨海冲积平原和浅海陆架地区的埋藏古河道进行了对比, 得到了良好的验证。

古河道学是河流学、地貌学和地质学的交叉综合学科, 所以其研究方法也继承和综合了这三门学科的方法, 较为成熟的方法包括: 钻探法; 电法勘探, 包括电测深和电测井; 航空电磁法; 野外地貌考察法; 地质剖面测量与描述法。室内样品分析和测试的方法主要包括: 粒度分析; 矿物分析; 古生物及微体古生物分析; 各种微量元素分析; 石英表面微结构分析; 各种方法的测年 (吴忱, 2002)。

1.2.4　沾化凹陷浅层沉积研究现状

对沾化凹陷第四纪浅层沉积特征的研究多以黄河三角洲为研究对象，内容涉及古气候演化、海平面升降、黄河河道迁移、地层划分对比、微体古生物、孢粉、测年和矿物组合等方面。

第四纪有 20 多个气候冷暖旋回（Hays and Shackleton et al，1976），末次冰期是距离现在最近的冰期，时代为晚更新世晚期，全球海平面比现在低约 130m；早全新世，气候转暖，海平面上升，并在中全新世（5～6ka B. P.）形成最大海侵界限，海岸线到达黄骅–垦利等地；晚全新世以来，海平面和温度降为现今的水平（吴忱，1991；张祖陆，1995；陈清华等，2002；鲜本忠、姜在兴，2005；成海燕等，2010）。由于海侵，晚更新世以来，黄河三角洲等渤黄海沿岸的地层可以划分为三个海相层和三个陆相层（成国栋等，1986；王强、田国强，1999；刘升发等，2006；徐家声等，2006）。此外，黄河三角洲等地还形成了数条贝壳线（孙志国，2003；薛春汀，2009）。

晚更新世（200～150ka B. P.）黄河贯通三门峡进入平原地区，东流入海（季军良，2004；蒋复初等，2005）。全新世，黄河在北到天津南到苏北的地区内多次迁移，形成多个三角洲，对华北平原的晚第四纪沉积贡献巨大。黄河高输沙量和下游坡降比小导致了河道频繁迁移。黄河三角洲存在河道双重摆动和沉积体双重迁移：下游河道摆动，造成活动超级叶瓣迁移；分流河道摆动，造成活动叶瓣迁移（薛春汀，2009；乔淑卿，2010）。现代黄河三角洲发育存在"大循环"和"小循环"的模式，即将三角洲岸线在同一水平下的沙嘴延伸、河流改道称为小循环；将整个三角洲岸线从一个水平推进到另一个水平的过程称为大循环（叶青超，1982）。

黄河三角洲晚更新世以来地层划分为三个海相层和三个陆相层（成国栋，1986），以埕岛海域的 DB9 孔为例：第一海相层为冰后期（8.5ka B. P.）的黄骅海侵层（也称垦利海侵），埋深 0～11.0m；第二海相层为献县海侵层，形成于晚更新世晚期，埋深 24.6～36.0m；第三海相层为渤海海侵层，形成于 65～53.5ka B. P.，埋深 43.8～52.8m（该海侵只到达渤海中部，所以有些学者将 127～75ka B. P. 的沧州海侵作为第三海侵层）。全新世以来，黄河三角洲经历了一次海侵，陈清华等（2002）建立了黄河三角洲的全新世地层对比，鲜本忠和姜在兴（2005）又做了改进。成国栋等（1986）将黄河三角洲全新世地层自下而上划分为三组：垦利组、五号桩组、钓口组。

王绍鸿（1988）在黄河三角洲 650m 深度内划分出 12 个有孔虫层，并将其作为海相层的识别依据。李建芬（2010）、成鑫荣（1987）、朱晓东（1998）、华棣（1986）分别在渤海湾西部、长江口、江苏辐射沙洲潮滩、杭州湾北岸潮滩识别出了不同沉积相带的有孔虫组合。在古气候的恢复研究中，孢粉是重要的标记物之一，宋键等（2009）通过对青岛地区的钻孔孢粉样品分析，将山东沿海地区晚更新世以来的气候变化划分为五个时期；高善明等（1989）通过黄河三角洲刁口西部的 G96 孔孢粉分析，恢复了黄河三角洲的发育历史、古地理环境演变。

黄河沉积物的特征矿物是方解石，含量为 2.19%，轻矿物中石英含量一般小于长石

（孙白云，1990）。重矿物含量平均为 1.51%，重矿物组合以云母-普通角闪石-绿帘石为特征，次要矿物为磁铁矿、钛铁矿、褐铁矿、石榴子石和白云母（林晓彤等，2003；王昆山等，2010）。

从不同区域的研究现状来看，很多工作需要加强：

（1）济阳拗陷整体上浅层钻孔的取样较少，不能从整体上了解全区浅层沉积物的岩性特征，因此要重新钻孔取心，对第四纪浅层沉积物岩性做一个直观的了解；济阳拗陷浅层沉积微相研究相对薄弱，因此需要加强沉积微相的研究。

（2）济阳拗陷第四纪浅层沉积物时空展布特征不清，因此要通过钻孔取心、静力触探等手段对该区第四纪浅层沉积物的时空展布规律进行分析；济阳拗陷第四纪浅层地层没有一个系统的沉积结构模型，因此有必要建立第四纪浅层地层的沉积结构模型，从空间上分析地层的沉积形态和特征。

（3）地质沉积特征与地球物理响应综合研究空白，全部集中在第四系沉积的地质现象、特征的分析，对于这些特征对地震弹性波的影响基本没有研究，需要利用这些地质特征进行地震响应模拟、测试，总结地震响应的规律与近地表结构特征的关系。

（4）针对冲积平原岩土探测方法阐述比较少，没有形成系统的探测方法。

由于以上问题的存在，不能很好地研究济阳拗陷浅层沉积特征的变化，更不能通过对沉积物特征的精细刻画，构建精细的地质模型，并指导地震勘探激发点位的布设及选取最佳激发层位。

1.3　济阳拗陷浅层沉积物特征及演化概述

浅层沉积物特征可以通过钻井取心、室内测试、剖面露头和静力触探等力学方法进行研究，为此，在济阳拗陷浅层共布置钻孔取心 52 个，其中东营凹陷高青地区 15 个、胜北地区 2 个、草桥地区 3 个、惠民凹陷商河地区 3 个、临南地区 15 个、沾化凹陷义东地区 14 个；布置静力触探 610 口，其中东营凹陷高青地区 78 口、胜北地区 176 口、草桥地区 100 口、惠民凹陷商河地区 86 口、临南地区 81 口、沾化凹陷义东地区 89 口；布置多条野外露头剖面，通过大量沉积物样品的取样分析，确定了沉积物类型包括中砂、细砂、粉砂、泥等，以及泥质粉砂、粉砂质泥等中间类型。

1.3.1　东营凹陷浅层沉积物特征

东营凹陷高 94 探区浅层岩性较细，主要为泥质粉砂、含泥粉砂及粉砂质泥。自南到北第四纪浅层沉积相从小清河以南为风成沉积，小清河以北 12km 左右为风成沉积与河流沉积混合相带，再向北为黄河及其分支的河流相沉积。高 94 探区从南到北第四纪浅层沉积相为风成沉积-风成沉积与河流沉积的混合相带-河流相，沉积物的搬运介质由空气逐渐变为水，岩性逐渐由疏松变致密，渗透性由好变差，因此自南向北潜水面逐渐变浅，所以在探区沉积物的成因机制及搬运介质决定了潜水面的深度，这一成果从沉积学的角度解释了小清河南北潜水面深度的差异，地震炮井布置应该小清河南北有别。草桥探区沉积特征与高 94 探区类似，都是风、河流、湖泊、海洋共同作用的结果。

1.3.2 惠民凹陷浅层沉积物特征

惠民凹陷商河地区和临南地区岩性较粗，包括中砂、细砂、粉砂和泥，以粉砂和泥等为主，各钻孔中岩性下粗上细，韵律性明显，自下而上发育三个沉积旋回。惠民凹陷浅层主要发育河流相沉积，即第四纪古河道。古河道依据粒度、孢粉、^{14}C 测年可以自上而下划分为三期。下部第三期古河道形成于晚更新世晚期到早全新世，该时期气候寒冷干燥，沉积物粒度较粗；第二期古河道形成于早全新世到中全新世，该时期气候温暖湿润，沉积物粒度较细；第一期古河道形成于中全新世到晚全新世，由于黄河频繁决口改道，该期古河道沉积物粒度最细。惠民凹陷浅层古河道分布较稳定，离地表 12m 以下，徒骇河和土马河之间宽度约 4.5km 主要为粉–细砂及少量中砂，不适合激发，土马河以北适合激发。东营凹陷胜北地区除发育三期古河道之外，还受海侵影响，两套海侵层深度分别为 7～8m 和 12～15.5m，沉积物多含贝壳碎屑，质地疏松，不适合激发；18m 以下发育第三期古河道，沉积物以砂质为主，也不适合激发。而 16～18m 大致为第二期和第三期古河道交界处，沉积时气候转暖，海平面上升，河流水动力条件较弱，沉积物以泥质为主，较致密，因此胜北地区合适激发的层位建议在埋深 16～18m 处。

1.3.3 沾化凹陷浅层沉积物特征

沾化凹陷义东地区浅层沉积物类型丰富，岩性相对较细，主要为粉砂、泥质粉砂和粉砂质泥。细砂和泥分布较少，其中细砂主要分布在 19m 以下深度内，泥主要分布在该区的东北部。该区普遍发育两套贝壳层，深度分别为 5～7m 和 18～20m。海平面的升降和黄河河道的迁移是影响义东地区沉积相的主要因素。晚更新世晚期到早全新世，气候寒冷干燥，海平面降低，主要发育河流相；早全新世晚期到中全新世，气候转暖，海平面升高，该区形成一次大规模的海侵，发育潮坪相和浅海相；晚全新世，气候演化为现今的水平，黄河流经义东地区，形成三角洲沉积。自下而上沉积演化依次为：河流相–潮坪相–浅海相–潮坪相–三角洲相，沉积相带的边界与地层边界基本一致。义东地区第一、二单元为三角洲和潮坪沉积，沉积物以粉砂和泥质粉砂为主，岩性较粗，且深度较浅，不适合作为激发层；第五单元为古河道沉积，形成于寒冷偏干的气候条件下，粒度最粗，以细砂和粉砂为主，也不适合作为激发层；第三单元的 12～14m 为浅海相沉积，岩性以泥和粉砂质泥为主，厚度大、分布稳定，适合作为激发层；第四单元的 16～18m 为潮坪沉积，岩性以粉砂质泥为主，同样厚度大、分布稳定，也适合作为激发层。

1.3.4 济阳拗陷浅层沉积演化

济阳拗陷浅层是河流、海洋、湖泊、风等多种地质营力共同作用的场所，发育了河流相、湖泊相、风成相、三角洲相、潮坪相和滨浅海相等多种沉积相类型。

晚更新世晚期至早全新世早期，正值末次冰期盛冰期（即玉木冰期第三冰期），全球气候寒冷干燥，海平面降低，海水退出渤海和黄海北部，陆架裸露，同时冬季风强盛。由于侵蚀基准面降低、地形高差大，在整个济阳拗陷浅层发育了大范围的古河道沉积，即第三期古河道，河道一直延伸至渤海陆架；同时大量的陆架沉积物风化，在强劲的冬季风的搬运下，沉积到鲁中山前区，即小清河南岸地带，形成风成沉积 [图 1.5（a）]。

早全新世晚期至中全新世，全球由末次冰期进入冰后期，气候逐渐转暖，平均气温比现今高 2.19℃，海平面随之升高，海岸线一度到达天津–无棣–垦利–利津–寿光一带，跨过济阳拗陷沽化凹陷的义东地区、东营凹陷的胜北地区和草桥地区，形成了大面积的海相沉积；小清河以北的大片平原区由于地势较低，古河道继承性发育，形成第二期古河道；小清河以南地区地势较高，由于海平面升高，内陆河流走水不畅淤积形成河湖相或湖沼相沉积；在陆地与海洋交界处，由于河流携带的沉积物堆积，形成一部分三角洲沉积 [图 1.5（b）]。

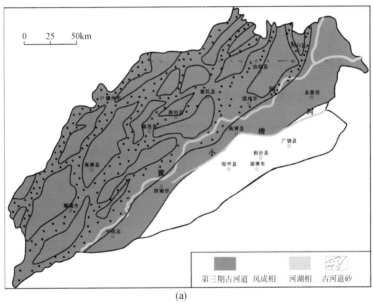

(a)

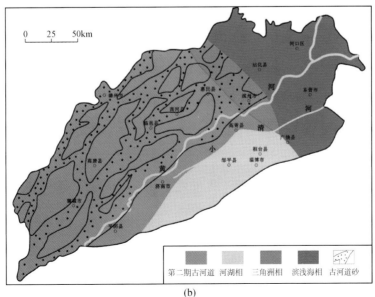

(b)

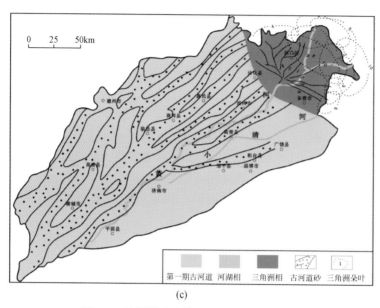

(c)

图 1.5　济阳拗陷晚第四纪浅层沉积演化图

（a）晚更新世晚期到早全新世早期；（b）早全新世晚期到中全新世；（c）晚全新世

晚全新世以来，气候又转为温凉偏干，逐渐过渡到现今水平，海岸线随之退后到现今岸线水平，济阳拗陷浅层以河流相和三角洲相沉积，即第一期古河道和现代黄河三角洲［图 1.5（c）］。

1.4　近地表探测方法概述

随着勘探进程的不断深入，我国陆上油气勘探进入岩性地层新阶段。为寻找中小型、隐蔽性油气藏，对地震资料的分辨率提出了更高的要求。经过近几年实践，认识到近地表探测方法的不断革新对于高分辨率地震勘探技术的改善和提升作用至关重要。尤其对于炸药震源勘探区域，不同的岩性和结构会激发出不同特征、不同品质的地震波，直接影响单炮品质。

目前国内的近地表岩性精细探测方法主要有动力岩性探测方法、静力岩性探测方法、岩性测井探测方法等，近地表速度精细探测方法主要有小折射、微测井，瑞利波法、三分量多波法等。本书通过综合应用多种近地表探测方法对靶区表层结构进行研究，通过对岩性、物性、速度等数据进行提取和分析，获取准确的岩土特征数据，以优选最佳激发条件，同时总结合适的探测方法。

第 2 章　东营凹陷浅层沉积物特征研究

本章重点介绍全新世以来东营凹陷的岩性特征、沉积相特征以及典型探区的沉积物分布规律。通过岩心描述、镜下鉴定及粒度测试等手段，证实东营凹陷的沉积物类型包括中砂、细砂、粉砂、泥等，以及泥质粉砂、粉砂质泥等类型。沉积物中发育钙质结核、泥炭、蜗牛化石、贝壳碎片等特殊沉积物，以及脉状层理、槽状交错层理、平行层理等沉积构造。钻孔及剖面中识别出风成相、湖沼相、河流相、海陆交互相等沉积相类型。

2.1　东营凹陷浅层沉积物的岩性特征

对高 94 地区的 15 口取心钻孔进行取心描述、镜下鉴定、粒度特征测试等手段，总结出探区内第四纪浅层（0～50m）岩性均较细，主要为泥质粉砂、含泥粉砂和粉砂质泥，而细砂和泥只占很小一部分，其岩性分布柱状图（图 2.1）表现出单峰的形态；以小清河为界，小清河以南第四纪浅层岩性主要为泥质粉砂，含泥粉砂和粉砂质泥较少，且细砂和泥不发育，岩性分布柱状图为单峰形态（图 2.2）；小清河以北岩性主要为泥质粉砂和含泥粉砂，其次含有少部分粉砂质泥，而细砂和泥也较少，岩性分布柱状图呈单峰形态（图 2.3）。

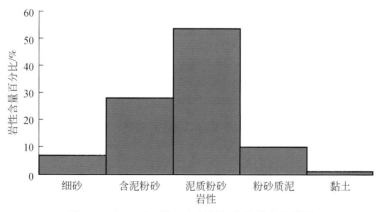

图 2.1　高 94 地区第四纪浅层沉积物分布柱状图

胜北地区共有取心钻孔两个，通过对这两口取心井的岩心描述、镜下鉴定及粒度测试等手段，总结出主要岩性类型有中砂、细砂、粉砂、泥质粉砂及泥。两口取心井中除发育陆相地层外，还发育海侵地层，如贝壳层。岩性整体上以粉砂为主，泥、粉砂质泥及泥质粉砂含量较少，均在 15% 以下，细砂含量中等，粒度最粗可达中砂，但含量较少（图 2.4）。取心井陆相地层中岩性与胜北地区整体规律一致，岩性以粉砂及细砂为主，泥及泥

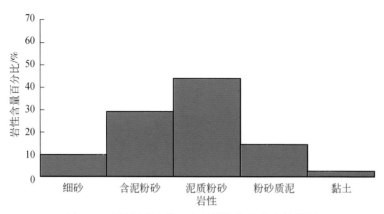

图2.2　小清河以南第四纪浅层沉积物分布柱状图

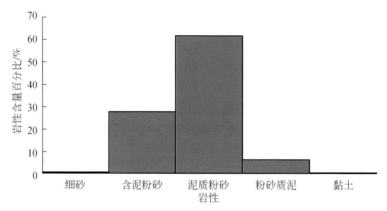

图2.3　小清河以北第四纪浅层沉积物分布柱状图

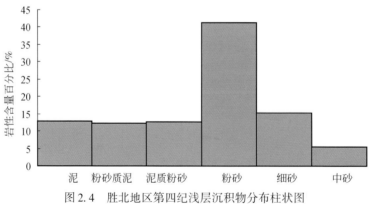

图2.4　胜北地区第四纪浅层沉积物分布柱状图

质粉砂也较为发育，粒度最粗可以达到中砂但含量较少（图2.5）；而胜北地区海相地层中，取心井的岩性以粉砂为主，细砂及中砂均不发育，发育少量的泥、泥质粉砂及粉砂质泥（图2.6）。

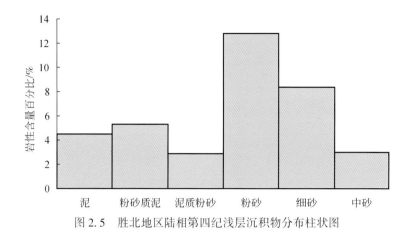

图 2.5　胜北地区陆相第四纪浅层沉积物分布柱状图

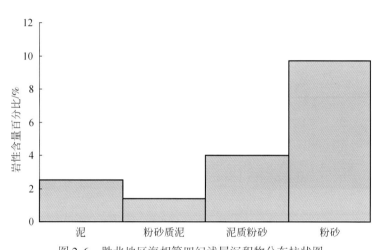

图 2.6　胜北地区海相第四纪浅层沉积物分布柱状图

2.1.1　细砂

高 94 地区细砂含量较少，只出现在 S4 和 S6 两个孔中，主要是含粉砂细砂 ［图 2.7
（a）］ 和含泥细砂 ［图 2.7 （b）］，其中含粉砂细砂颜色为黄褐色，颗粒较粗，石英、长
石等颗粒肉眼可见。

含泥细砂一般为黄褐色，颗粒中具有泥质组分，肉眼也可见石英、长石等颗粒。二者
镜下 ［图 2.7 （c）、（d）］ 石英含量在 80% 左右，分选中等，以次棱角–次圆状为主，长
石含量在 5% 左右，次棱角状为主，类型主要为斜长石，黏土矿物在 5% 左右，以云母类、
绿泥石为主，碳酸盐岩矿物在 10% 左右，主要为方解石和白云石。

在粒度特征上含粉砂细砂中黏土含量小于 10%，粉砂含量约 20.5%，而细砂占
69.5% 以上 ［图 2.7 （e）、（g）］；含泥细砂黏土含量在 20% 左右，粉砂含量低于 10%，
而细砂含量占 70% 左右 ［图 2.7 （f）、（h）］。

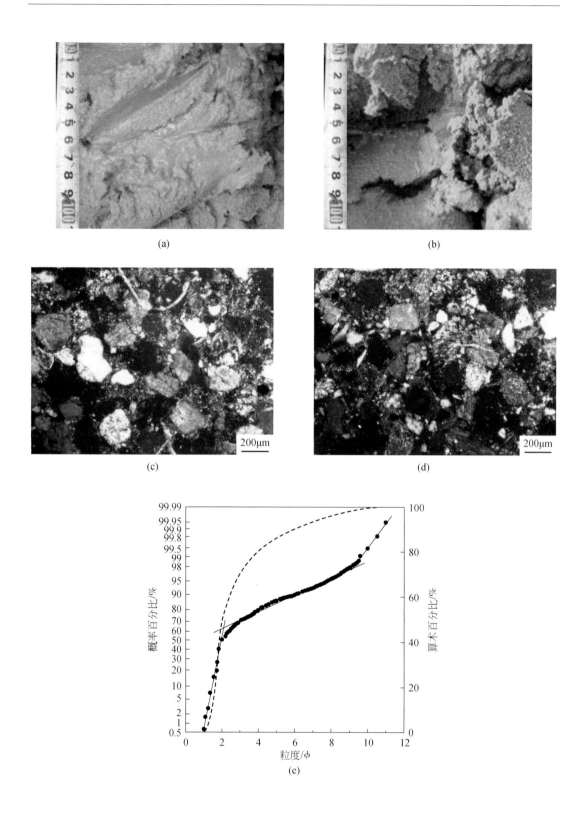

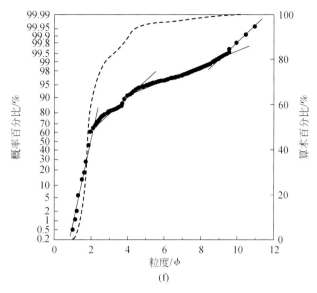

(f)

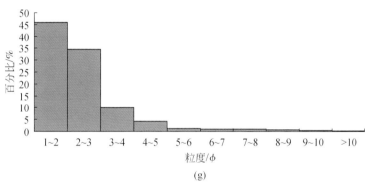

(g)

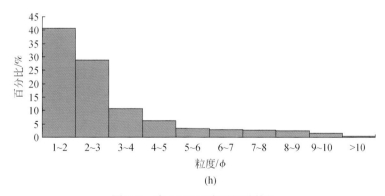

(h)

图 2.7　高 94 地区浅层细砂特征

（a）黄褐色含粉砂细砂，S6 孔，35.0m；（b）黄褐色含泥细砂，S4 孔，32.0m；

（c）含粉砂细砂，S6 孔，35.0m（+）；（d）含泥细砂，S4 孔，32.0m（+）；

（e）粒度概率累积曲线，S6 孔，35.0m；（f）粒度概率累积曲线，S4 孔，32.0m；

（g）粒度直方图，S6 孔，35.0m；（h）粒度直方图，S4 孔，32.0m

2.1.2　中砂

胜北地区中砂含量较少，主要在 S2 孔 24m 以下发育，其颜色为黄褐色，颗粒较粗，石英、长石等颗粒肉眼可见 ［图 2.8 （a）］。在 S2 取心孔中发现的中砂以细–中砂为主，颜色主要为黄褐色，颗粒较粗，肉眼也可见石英、长石等颗粒。通过镜下薄片鉴定，石英含量在 60% 左右，石英部分溶蚀，可见石英次生加大现象；长石含量约 25%，以斜长石为主，可见少量的微斜长石，部分长石的蚀变比较严重，岩屑以燧石、泥岩岩屑及黑云母为主，含量为 15%，并可见磁铁矿等重矿物 ［图 2.8 （b）］。在粒度特征上泥含量约 11.4%，细砂含量约 25.3%，中砂含量约 27.1%，另外还含有少量的粗砂颗粒。

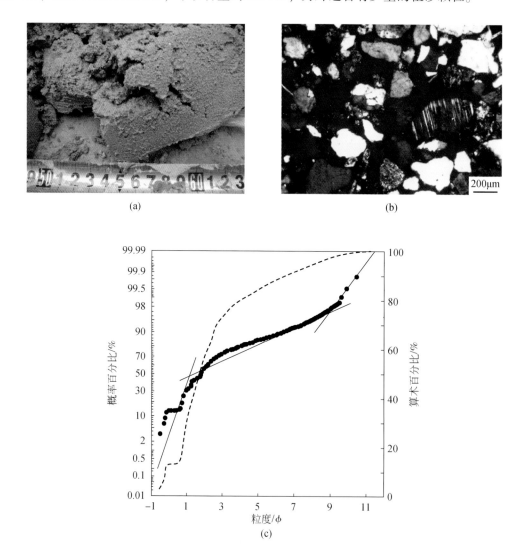

(a)　　　　　　　　　　　　　　　　　(b)

(c)

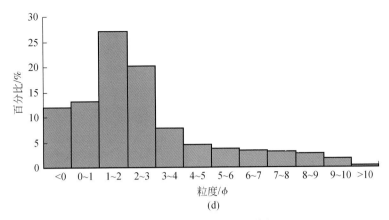

图 2.8　胜北地区浅层中砂特征

（a）黄褐色中砂，S2 孔，27.5～27.6m；（b）中砂，S2 孔，27.9m（+）；（c）粒度概率累积曲线，S2 孔，27.9m；
（d）粒度直方图，S2 孔，27.9m

2.1.3　粉砂

高 94 地区粉砂含量比较少，S4 孔、S6 孔、A13 孔、A20 孔中均可见到。主要是细砂质粉砂 [图 2.9（a）] 和含细砂的粉砂 [图 2.9（b）]。细砂质粉砂颜色主要为黄褐色，颗粒肉眼可见，石英颗粒明显；镜下石英含量在 90% 左右，分选较差，以次棱角状为主，也可见次圆状和圆状，长石含量在 2% 左右，以斜长石为主，黏土矿物含量在 3% 左右，以云母类为主，也可见少量因其他矿物蚀变而形成的绿泥石，碳酸盐岩矿物含量在 2% 左右，主要为方解石 [图 2.9（c）]；在粒度特征上细砂质粉砂中粉砂颗粒占 57.6%，而细砂颗粒占 26.1%，黏土颗粒组分占 16.3% 左右 [图 2.9（e）、（g）]。

含粉砂的细砂颜色主要为黄褐色，镜下石英含量在 75% 左右，分选较差，以次棱角状-次圆状为主，长石含量为 10%，主要为斜长石，呈次棱角状；黏土矿物含量在 3% 左右，主要为云母类和高岭石，也可见少量绿泥石，碳酸盐岩矿物含量在 10% 左右，主要为方解石和白云石；此外还有少量的铁质，在 2% 左右 [图 2.9（d）]；在粒度特征上含细砂的粉砂中黏土颗粒占 14.3%，粉砂颗粒占 64.7%，细砂颗粒占 20.9% [图 2.9（f）、（h）]。

（a）　　　　　　　　　　　　　　　　（b）

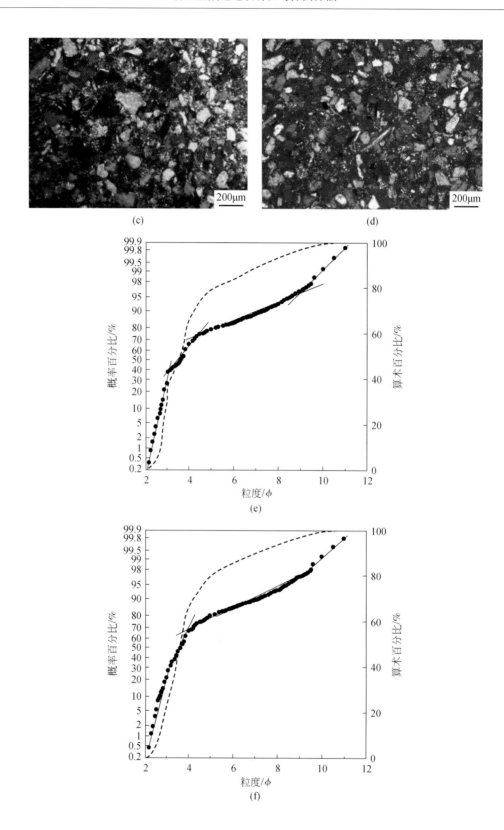

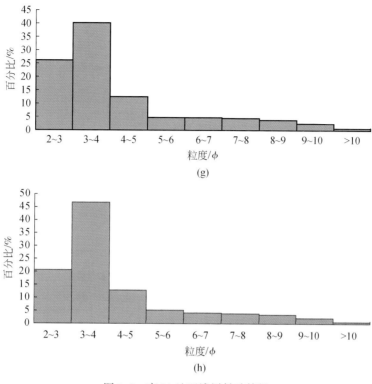

图 2.9 高 94 地区浅层粉砂特征

（a）黄褐色细砂质粉砂，S6 孔，22.9~23.0m；（b）黄褐色含细砂的粉砂，A20，35.0m；

（c）细砂质粉砂，S6 孔，23.0m（+）；（d）含细砂的粉砂，A20 孔，35.0m（+）；

（e）粒度概率累积曲线，S6 孔，23.0m；（f）粒度概率累积曲线，A20 孔，35.0m；

（g）粒度直方图，S6 孔，23.0m；（h）粒度直方图，A20 孔，35.0m

　　胜北地区粉砂最为发育，在 S1 孔、S2 孔中均有发育，颜色以黄褐色为主，可见石英和云母颗粒。通过镜下薄片观察，石英含量在 45% 左右，分选较好，磨圆为次棱角状，长石含量约 20%，以斜长石为主，岩屑含量为 35%，主要为燧石及泥质颗粒，另外可见黑云母。在粒度特征上，泥约 14.1%，粉砂约 70.4%，另外含有少量的细砂，定名为粉砂（图 2.10）。

（a）　　　　　　　　　　　　　　　（b）

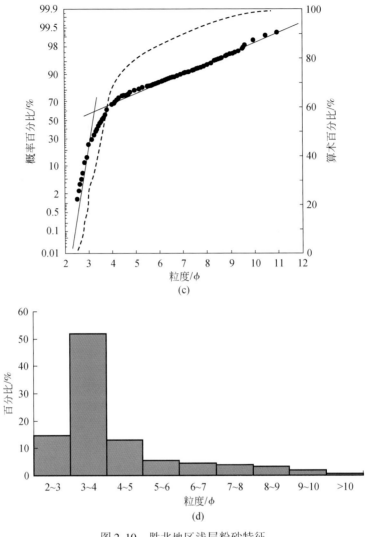

图 2.10　胜北地区浅层粉砂特征

（a）黄褐色粉砂，S1 孔，30.0m；（b）粉砂，S1 孔，30.0m（+）；
（c）粒度概率累积曲线，S1 孔，30.0m；（d）粒度直方图，S1 孔，30.0m

2.1.4　泥质粉砂

　　高 94 地区泥质粉砂比较普遍，取心的 15 个孔均可见到，类型主要为泥质细粉砂 ［图 2.11 （a）］，颜色有黄褐色和褐色，颗粒肉眼不可见。镜下泥质细粉砂的石英含量在 90% 左右，分选中等，以次棱角状–次圆状为主；长石含量较少，在 2% 左右，以斜长石为主，黏土矿物含量在 5% 左右，主要为云母类和绿泥石等，碳酸盐岩矿物主要为方解石，在 3% 左右 ［图 2.11 （b）］。在粒度特征上泥质细粉砂中黏土颗粒占 25.7% 左右，细粉砂颗粒占 63.3%，而粗粉砂只占 11% ［图 2.11 （c）、（d）］。

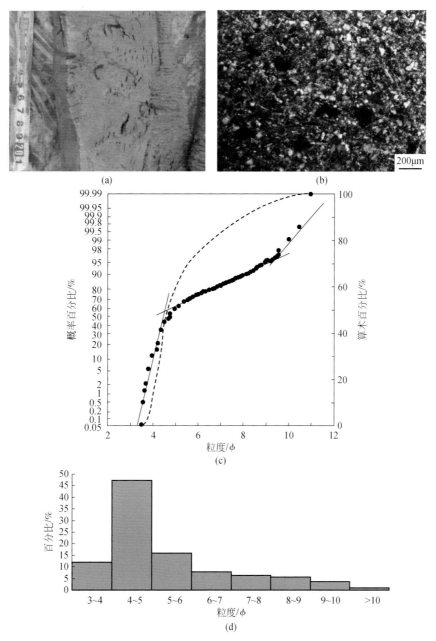

图 2.11　高 94 地区浅层泥质粉砂特征

（a）黄褐色泥质细粉砂，A4 孔，20.1~20.2m；（b）泥质细粉砂，A4 孔，20.2m（+）；
（c）粒度概率累积曲线，A4 孔，20.2m；（d）粒度直方图，A4 孔，20.2m

　　胜北地区泥质粉砂含量较高，在 S1 孔、S2 孔中均有发育，颜色主要为黄褐色及灰黑色，肉眼下粉砂质泥及泥质粉砂很难分辨，通过镜下薄片鉴定分析，泥质粉砂中石英含量为 50%，分选较好，磨圆为次棱角状，长石含量为 20%，以斜长石为主，部分长石发生蚀变，岩屑含量为 30%，可见黑云母、磁铁矿等矿物，并且可见少量的方解石颗粒。从粒度特征来看，泥含量约 32.5%，粉砂含量为 67.5%，根据命名法则，将其命名为泥质粉砂（图 2.12）。

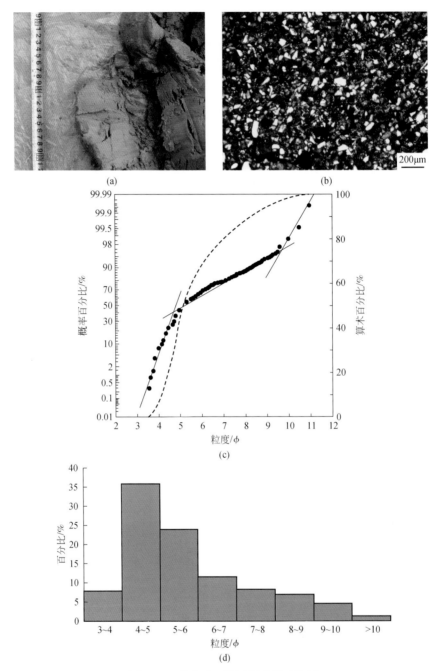

图 2.12　胜北地区浅层泥质粉砂特征

（a）灰黑色泥质粉砂，S2 孔，10.8m；（b）泥质粉砂，S2 孔，11.5m（+）；（c）粒度概率累积曲线，S2 孔，10.8m；

（d）粒度直方图，S2 孔，10.8

2.1.5　含泥粉砂

含泥粉砂在高 94 地区的 15 个取心孔中均可见到，颜色从黄褐色到褐色，颗粒较为清楚

［图 2.13（a）］；镜下含泥粉砂中石英颗粒占 90% 左右，但是分选较差，以次棱角状为主，也可见到少量的次圆状，长石含量较少，主要为斜长石，以次圆状为主，在 5% 左右；黏土矿物在 2% 左右，主要是由其他矿物颗粒蚀变而形成，碳酸盐岩矿物含量为 2%，以方解石为主，也有少量白云石和铁白云石，此外还有少量铁质，在 1% 左右［图 2.13（b）］。在粒度特征上含泥粉砂中黏土颗粒含量为 18.4%，而粉砂颗粒含量为 81.6%［图 2.13（c）、（d）］。

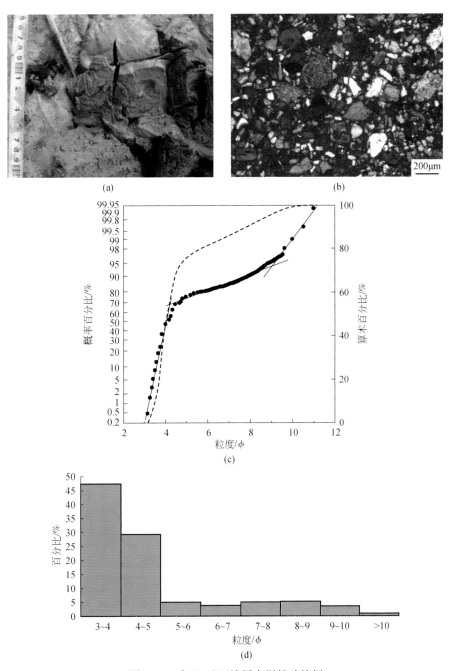

图 2.13　高 94 地区浅层含泥粉砂特征

（a）黄褐色含泥粉砂，A3 孔，16.75～16.9m；（b）含泥粉砂，A3 孔，16.8m（+）；
（c）粒度概率累积曲线，A3 孔，16.8m；（d）粒度直方图，A3 孔，16.8m

含泥粉砂在胜北地区含量较少，颜色主要为黄褐色，通过镜下薄片观察分析，石英含量约50%，含量较高，表面光洁，无压裂现象，并且部分石英可见次生加大结构及边缘溶蚀现象；长石含量为20%，以斜长石为主，可见少量微斜长石，长石蚀变现象明显；岩屑含量约30%，主要为磁铁矿及方解石颗粒、黑云母等。颗粒分选中等–较好，磨圆为次棱角状。从粒度特征来看，泥约占18.3%，粉砂含量为71.7%，另外含有少量的细砂，因此，定名为含泥粉砂（图2.14）。

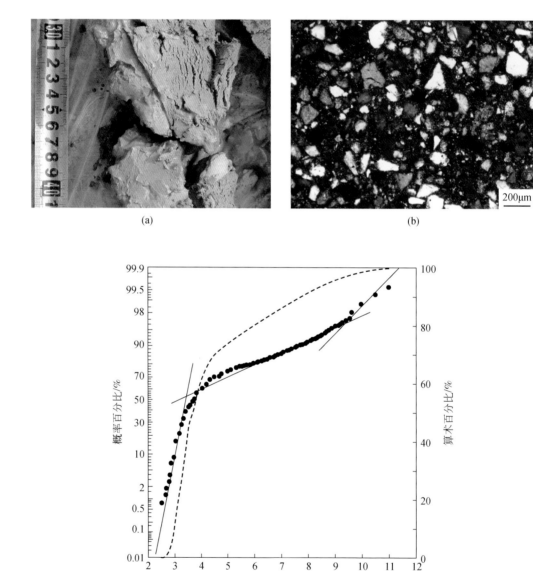

(a)

(b)

(c)

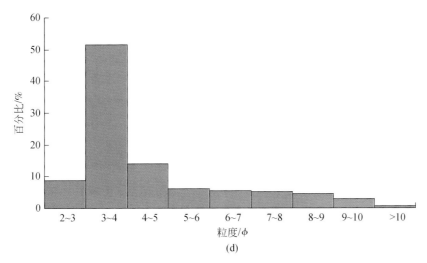

图 2.14　胜北地区浅层含泥粉砂特征

（a）黄褐色含泥粉砂，S1 孔，21.4m；（b）粉砂，S1 孔，21.4m（+）；
（c）粒度概率累积曲线，S1 孔，21.4m；（d）粒度直方图，S1 孔，21.4m

2.1.6　粉砂质泥

高 94 地区粉砂质泥的分布最为广泛，在 15 个取心孔中均可见到，颜色从黄褐色到褐色 ［图 2.15（a）、（b）］；镜下分析石英含量在 50% 左右，分选较差，以棱角状-次棱角状为主，长石含量较少，以斜长石为主，多数已发生蚀变，呈次棱角状；黏土矿物含量较多，均为其他矿物颗粒蚀变而成，镜下表现出比较模糊的状态，含量在 37% 左右，碳酸盐岩矿物以方解石为主，在 5% 左右，此外还有部分铁质，在 5% 左右 ［图 2.15（c）、（d）］。

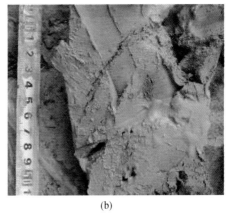

（a）　　　　　　　　　　　　　　　　　　　　（b）

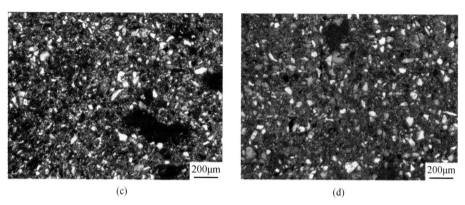

图 2.15　高 94 地区浅层粉砂质泥特征

（a）黄褐色粉砂质泥，A1 孔，11.6～11.7m；（b）褐色粉砂质泥，A3 孔，14.3～14.5m；

（c）粉砂质泥，A1 孔，11.7m（+）；（d）粉砂质泥，A3 孔，14.3m（+）

胜北地区粉砂质泥较为发育，以黄褐色粉砂质泥及灰黑色粉砂质泥为主，在 S1、S2 取心孔中，均含有粉砂质泥，粉砂质泥在该区内分布较广，从粒度特征来看，粉砂含量约 42.8%，泥占 57.2%，定名为粉砂质泥（图 2.16）。

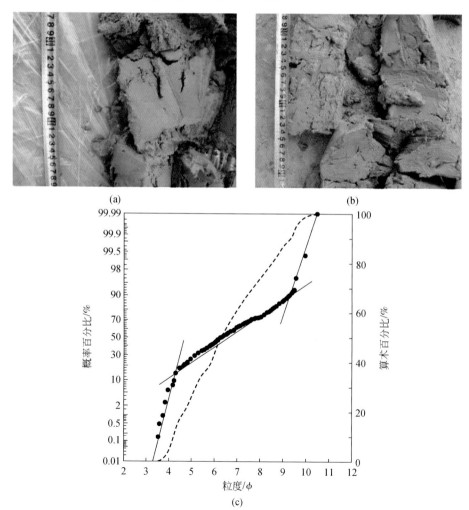

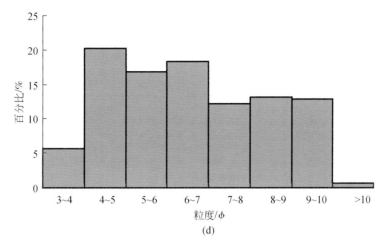

图 2.16 胜北地区浅层粉砂质泥特征

（a）黄褐色粉砂质泥，S1 孔，13.2～13.3m；（b）黄褐色粉砂质泥，S2 孔，9.8～9.9m；
（c）粒度概率累积曲线，S1 孔，13.2m；（d）粒度直方图，S1 孔，13.2m

2.1.7 泥

高 94 地区泥分布较少，但在 15 个取心孔中都能见到，且厚度较薄，颜色比较杂，主要有黄褐色 ［图 2.17 （a）］、红色 ［图 2.17 （b）］ 和暗色 ［图 2.17 （c）］，其中还发现了含碳质较高的泥 ［图 2.17 （d）］，反映了还原环境下的沼泽沉积。黄褐色泥与红色泥中存在大量的钙质结核 ［图 2.17 （a）、（b）］，属于泥中的钙溶液遭到淋滤、胶结而形成。

泥在胜北地区内较为发育，在两口取心井中均有发现，以黄褐色及灰黑色的泥为主，另可见黑色的泥，但较薄，并且在泥中可见钙质结核及螺化石等，从粒度特征来看，泥约75.5%，粉砂含量为 24.3%，为含粉砂泥（图 2.18）。

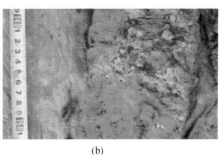

(a)   (b)

（c）　　　　　　　　　　　　　　　（d）

图 2.17　高 94 地区浅层泥特征

（a）黄褐色泥，含钙质结核，A1 孔，16.4～16.5m；（b）红色泥，含钙质结核，A13 孔，19.4～19.5m；
（c）暗色泥，A17 孔，27.5～27.6m；（d）碳质泥，S4 孔，12.2～12.3m

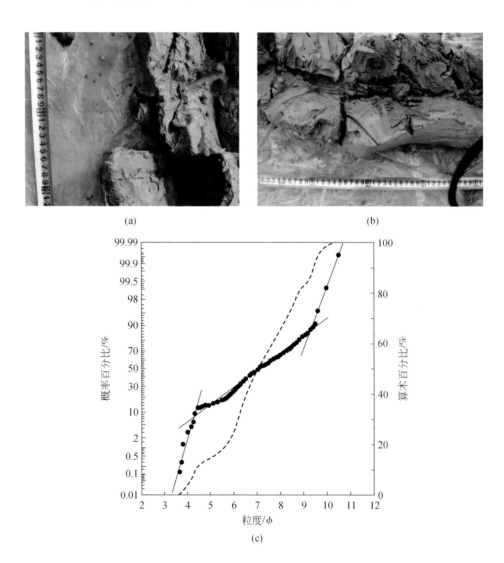

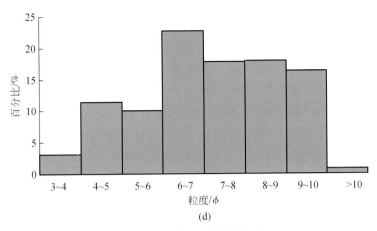

图 2.18　胜北地区浅层泥特征

（a）黄褐色泥，S1 孔，3.3～3.5m；（b）黄褐色泥，S2 孔，5.1～5.2m；
（c）粒度概率累积曲线，S1 孔，3.3m；（d）粒度直方图，S1 孔，3.3m

2.2　东营凹陷浅层沉积物的沉积相特征

取心钻孔的单孔沉积特征分析是识别沉积相必不可少的一步。通过对取心孔岩心进行细致的观察和描述，镜下分析鉴定，粒度分析，结合静力触探解释结果，进行综合研究，建立起单孔沉积微相、沉积亚相、沉积相的柱状分解图，从而确定东营凹陷浅层沉积物的沉积相特征。

东营凹陷包括高 94、胜北和草桥三个地区，高 94 地区发育河流相、湖沼相、风成相，风成沉积物为首次发现，理论研究意义和实际勘探意义重大。胜北地区和草桥地区属于海陆交互相，其中胜北地区发育河流相和滨浅海相，草桥地区发育风成相、河流相和滨浅海相。胜北、草桥地区的沉积相类型多样，海相和陆相地层相互叠置影响，沉积特征复杂。

2.2.1　风成相沉积

通过取心观察、野外地质剖面调查、粒度特征分析和薄片鉴定等手段，证实了东营凹陷高 94 地区、草桥地区发育大量的风成沉积物。高 94 地区以小清河为界，小清河以南的区域从地表 8m 以下均为风成沉积。

通过钻孔取心，并观察岩心可知，风成沉积物的岩性为泥质粉砂、粉砂质泥和泥，其中泥质粉砂和粉砂质泥均比较松散，含有钙质结核（图 2.19），而泥中则含有大量钙质结核，如 C1 孔，泥层中均发现了大量的钙质结核；对小清河南边的孔位进行取样磨片观察，也发现含有大量的钙质矿物，成分主要为方解石、白云石等。利用静力触探对小清河以南地表进行测试，也获得了对钙质结核层位的很好解释，钙质结核层静力触探的锥尖阻力（q_c）和侧壁摩擦力（f_s）均较高，摩阻比变化较小。通过对地区野外地质剖面的调查，在野外地层剖面上也发现了大量的风成沉积物。野外地质剖面中的风成沉积物主要成分为泥质粉砂和粉砂质泥（图 2.20），比较疏松，含有大量的钙质结核，有的甚至富集成层。

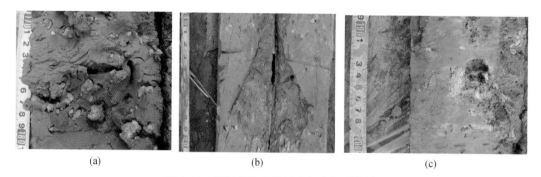

（a）　　　　　　　　　　（b）　　　　　　　　　　（c）

图 2.19　济阳拗陷浅层风成相中钙质结核

（a）黄褐色泥中的钙质结核，A4 孔，12.7～12.8m；（b）含钙质结核的褐色泥，S5 孔，17.4～17.5m；
（c）含大量钙质结核的泥，C1 孔，49.9～50.0m

图 2.20　济阳拗陷浅层野外剖面中的风成沉积物（山东广饶）

风成沉积物在粒度上有粗粒，也有细粒，但是粗粒为主要部分，高 94 地区风成沉积物的粗粒分选较好，在粒度概率曲线上悬浮为主要组分［图 2.21（a）］；而粒度累积直方图则呈现风成沉积物典型的双峰形态，且粒度众数在 3ϕ～5ϕ［图 2.21（b）］。

通过钻孔取心样品做粒度分析，利用实验获取的粒度数据作出粒度频率曲线图和粒度频率累积曲线图。经分析，高 94 地区的粒度频率曲线图和粒度频率累积曲线图都具有典型风成沉积的特征。本节以小清河以南的 A1 孔、A4 孔、A7 孔、S5 孔、B4 孔和 B1 孔的粒度频率曲线和粒度频率累积曲线作分析，总结高 94 地区风成沉积物的粒度结构特征。

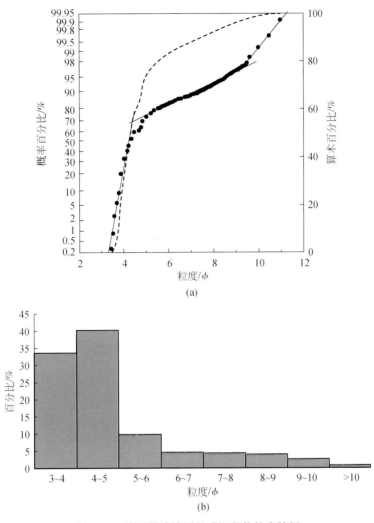

图 2.21　济阳拗陷浅层风成沉积物粒度特征

（a）粒度概率累计曲线，C1 孔，29.0m；（b）粒度直方图，C1 孔，29.0m

图 2.22 为高 94 地区小清河以南 A1 孔、A4 孔、A7 孔和 S5 孔的粒度频率曲线，从图中可以看出，风成黄土的粒度分布范围为 0 ~ 100μm，6 个钻孔样品的粒度频率曲线均呈现典型的双峰态，主峰粒度为 40 ~ 70μm，且主峰粒度频率较高，其余粒度以主峰粒度值为众数向粗粒和细粒减小，在减小过程中有一个明显特征就是主峰众数在向细粒端减小的速率比粗粒端快，向粗粒度端减小是一个相对平滑的过程，而向细粒端减小的过程则并不平滑，可以看出粒度在向细粒端减小的过程中，一般在 2 ~ 4μm 处存在一个明显的平台，即出现了第二个峰值，最大粒度值在 100μm 左右。通过研究可知，风成黄土粒度分布这种双峰式特征并不是某个剖面上或者某个层位仅有的，它在不同的剖面上和不同时代的风成黄土中是普遍存在的。

图 2.23 为高 94 地区小清河以南 A1 孔、A4 孔、A7 孔和 S5 孔的沉积物样品粒度频率累积曲线图。从图中可以看出，风成黄土的粒度频率累积曲线形态比较平滑，呈现出典型

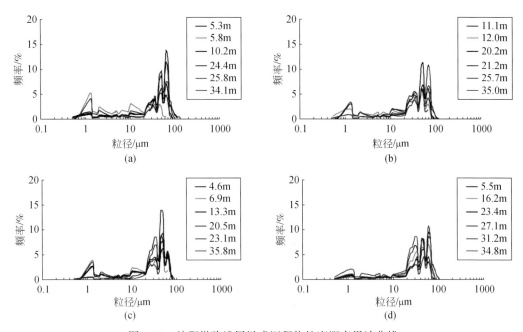

图 2.22　济阳拗陷浅层风成沉积物粒度概率累计曲线

（a）A1 孔样品；（b）A4 孔样品；（c）A7 孔样品；（d）S5 孔样品

的两段式，只存在一个拐点，在 20μm 附近，小于拐点的为夹带组分，大于拐点的为悬浮组分，从图中很明显地看出，悬浮组分占绝对优势，这正是风成黄土的特点。6 个钻孔样品的粒度值为 0.1~100μm，最大粒度值均在 100μm 左右。

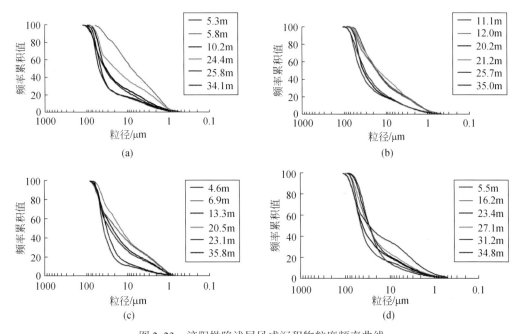

图 2.23　济阳拗陷浅层风成沉积物粒度频率曲线

（a）A1 孔样品；（b）A4 孔样品；（c）A7 孔样品；（d）S5 孔样品

在前期对东营凹陷高 94 地区小清河流域第四纪沉积物进行调研的基础上，曾经认为小清河流域第四纪沉积物主要是河湖相沉积物，主要记录了河道迁移、湖泊进退等环境变化信息。然而经过钻孔取心的沉积相研究，发现在小清河流域高 94 地区及邻区第四纪沉积物中存在大量风成沉积物，这对解释地区内地震属性的地质控制因素，理解该区内第四纪环境演化具有重要意义。

2.2.2   湖沼相沉积

东营凹陷高 94 地区和草桥地区内还发育了湖沼相沉积，以灰黑色、黑色的泥和丰富的腹足类化石为特征，在高 94 地区距地表 7m 以下，发育了厚度为 1m 左右的暗色黏土层。从钻孔中可以见到这层暗色黏土层，在 S4、S6、A4、A7 等取心钻孔中均有发现。通过对野外地质剖面的调查分析，也有该层暗色泥发育 ［图 2.24 （a）］，在小清河以南，这层暗色湖沼沉积物位于风成沉积物之上，在 1m 左右，特征是分布较广，厚度较薄，有机质比较丰富。此外，湖沼沉积物中含有大量的螺化石 ［图 2.24 （b）］，螺的直径大小不一，湖沼层较厚的地方，螺的直径也比较大。在地区内，这层湖沼沉积物跨越小清河南北，在小清河流域大面积分布。

(a)   (b)

图 2.24   济阳拗陷浅层湖沼相沉积
（a）野外剖面中的湖沼相，山东广饶；（b）湖沼相中的腹足类化石，山东广饶

2.2.3   河流相沉积

河流相是济阳拗陷浅层分布最广泛的沉积相类型，在东营凹陷浅层、惠民凹陷浅层、沾化凹陷浅层地层中均有发育。高 94 地区内除大量分布的风成相沉积物外，还发育了河流相沉积物，其发育区域主要为小清河以北，从小清河以北到 S4 孔大约 12km 的区域，发育了少量的河流沉积物，钻遇孔位为 A13 和 A20，两个孔均出现了粉砂，均为河道砂；而 S4 孔和 S6 孔则大量发育河流相沉积物，本节对区内出现的河流相进行微相分析。

1. 边滩

边滩又称"点砂坝",是河床侧向侵蚀、沉积物侧向加积的结果,且边滩沉积的厚度近似于河床的深度,野外所见到的边滩都是河道砂多期叠加的结果。高 94 地区中河道砂主要在 S4 孔、S6 孔、A13 孔和 A20 孔中钻遇,类型主要是黄褐色细砂和粉砂(图 2.25),颗粒较为清晰,砂中的石英、长石和云母颗粒肉眼均可见,分选较好,以次棱角–次圆状为主。粒度特征上主要表现为"一悬一浮"的两段式,粒度直方图上一般为单峰的特征。

(a)
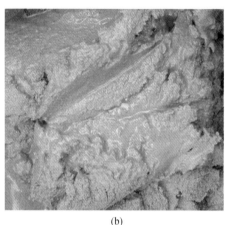
(b)

图 2.25　黄褐色细砂
(a) S4 孔, 28.0m; (b) S6 孔, 35.0m

2. 河漫滩

河漫滩是河床外侧河谷底部较为平坦的部分,平水期无水,洪水期漫溢出河床,淹没平坦的谷底,形成河漫滩沉积,且河漫滩的发育与河谷的发育阶段有关。地区内小清河以从 C2 孔到 S6 孔之间大量发育河漫沉积,从取心孔岩心观察可知,河漫沉积物主要为黄褐色、褐色的泥质粉砂、粉砂质泥和少量黏土(图 2.26,图 2.27);镜下矿物颗粒分选较差,以次棱角状为主;粒度特征以悬浮组分居多。

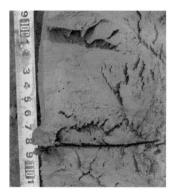

图 2.26　S4 孔, 17.0m 黄褐色泥质粉砂　　　图 2.27　A15 孔, 23.6m 黄褐色粉砂质泥

3. 河漫沼泽

河漫沼泽又称岸后沼泽，是在潮湿气候下，河漫滩上低洼积水地带植物生长繁茂并逐渐淤积而成，或是由潮湿气候区的河漫湖泊发展而来。该区内也可见河漫沼泽发育，其中 S4 和 S6 两个取心孔均见到了暗色碳质黏土（图 2.28），碳质含量较高，但是厚度较小。

图 2.28 S4 孔，12.2 ~ 12.3m 暗色碳质黏土

2.2.4 海陆交互相

草桥地区位于东营凹陷的东南部，距渤海较近，浅层发育风成相、河流相、滨浅海相和湖沼相等沉积相类型，沉积特征复杂，陆相层和海相层的交互沉积较为特殊。

1. 黄土地层特征

通过钻井取心和静力触探技术，借助现代分析测试手段（粒度分析、重矿物测试、测年、地球化学测试、古生物分析等）研究得出，草桥地区地表以下 30m 内，南部以风成黄土沉积为主，岩性以粉砂质泥和泥质粉砂为主，分选差，粒度为 1 ~ 100μm，概率曲线呈典型的风成黄土双峰型，与古土壤呈上下互层分布（图 2.29）。海侵时期受海侵剥蚀，形成了山东省鲁北地区特有的"上超型海侵黄土古海岸"。

该区风成黄土形成于玉木冰期时期，物源主要来自冰期出露的渤海陆架，冬季风作用下在南部山区沟谷、南岸平原上堆积，经地表径流搬运沉积下来。山东风成黄土跟黄土高原黄土一样包含重要的地区演变信息，与古土壤上下互层变化可揭示气候变化。

2. 海相层地层特征

草桥地区地理位置位于莱州湾南岸平原，处于海陆交互的复杂环境中，第四纪晚更新世以来发生的三次海侵（沧州海侵、献县海侵、黄骅海侵）均到达此地。晚更新世以来自下向上发育三次海侵：晚更新世早期，发生在 100 ~ 80ka B. P. 第三次海侵，沧州海侵；晚更新世中期，42 ~ 24ka B. P. 第二次海侵，献县海侵（广饶海侵）；全新世海侵，8 ~ 4ka B. P. 黄骅海侵（垦利海侵）。

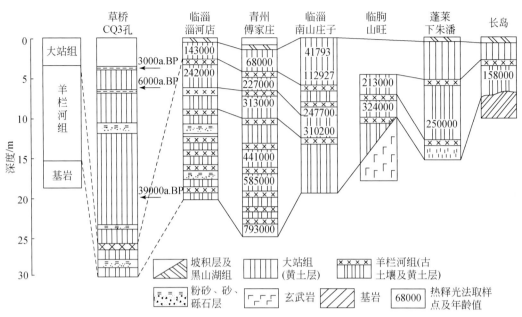

图 2.29　东营凹陷草桥地区黄土地层与邻区黄土地层对比

根据前人研究，结合本区沉积演化特征，将草桥地区地表以下 30m 内海侵沉积层自上向下分两层：全新世献县海侵层（大约 6ka B. P.）和晚更新世黄骅海侵层（约 36ka B. P. 开始），与周边地区海侵层位对比可以看出向海岸线方向海侵层增厚（图 2.30）。根据软体动物化石、有孔虫、轮藻化石种属特征及生物习性、岩石矿物学特征判断得出：第一海侵层沉积环境以潮间带–浅海相为主，第二海侵层沉积环境以浅海沉积相为主。

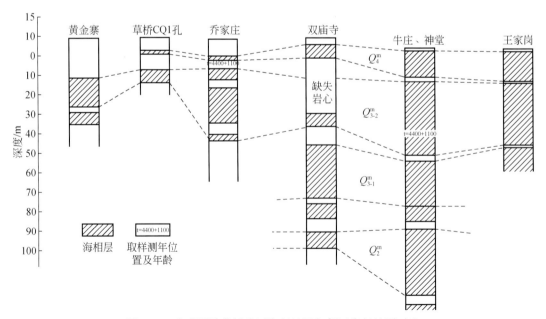

图 2.30　东营凹陷草桥地区海相地层与邻区海相地层对比

3. 海陆交互相沉积演化

根据草桥地区沉积演化特征分析，把地表以下 30m 内自下向上划分为 6 个气候演化期：干冷玉木 II 冰期—温暖湿润上亚间冰期—干冷偏凉玉木 III 冰期—温暖全新世海侵期—湿润海退期—近现代期，沉积环境控制的沉积演化如下：

干冷期，对应玉木 II 冰期，发育大型深切河流，在干冷季风下伴随风成黄土沉积，深度在 17m 以下；温暖湿润期，第二海侵层发育时期（献县海侵期），约从 36ka B.P. 开始，以海相沉积为特征，陆上发育河流相，动力较弱，并伴随少量湖沼相沉积，深度为 17 ~ 9m；干冷偏凉期，对应玉木 III 冰期，以沉积风成黄土为主，河流相发育较弱，气温比玉木 II 冰期略高些，埋深 9 ~ 1m；温暖期，进入全新世，发育第一海侵层（黄骅海侵），8 ~ 4ka B.P.，陆上以发育湖沼相为特征，河流不太发育，埋深 1 ~ 2m；湿润海退期，发育大面积湖沼沉积，^{14}C 测年在 3ka B.P. 左右，伴随海侵后退，陆上水位线下降，淤积沼泽沉积，埋深 2 ~ 3m；近现代期，近代与现代气候相近，物源上受黄河改道影响较大，埋深一般在地表以下 2 ~ 3m（图 2.31）。

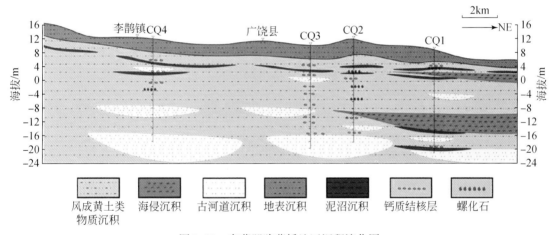

图 2.31　东营凹陷草桥地区沉积演化图

2.3　典型地区的浅层沉积物分布规律

为了研究东营凹陷的浅层沉积物分布规律，以及岩性分布特征，本书采用静力触探方法对几个典型探区的浅层地层进行了逐点探测。根据静力触探资料，分析了东营凹陷高 94 地区、胜北地区、草桥地区的浅层沉积物垂向和平面的分布规律，得到了东营凹陷第四纪浅层的沉积环境、沉积岩性及分布规律，为今后开展东营凹陷重点区块的沉积模式深化研究提供依据。

2.3.1　高 94 地区浅层沉积物分布规律

1. 高 94 地区浅层沉积物平面分布特征

根据东营凹陷高 94 地区第四纪浅层静力触探解释及取心孔岩性特征分析，可以得出地区内发育的各类沉积物在平面上的展布特征，本节以沉积物总厚度和 4m 为厚度单位对该区沉积物进行分析。

1）粉砂平面分布特征

高 94 地区粉砂出现的孔位较少，含量相对较少，从其平面展布图 ［图 2.32 （a）］ 可知，该地区粉砂一般只出现在河道沉积中，小清河的北部粉砂呈条带状展布，在小清河南部没有分布，认为小清河南部不发育河流相。

从沉积物垂向分布特征可知，粉砂在地区内 0～12m 深度段均未出现，因此砂在该区出现的深度为 12～24m。

12～16m，粉砂分布较少，只有小清河北岸的 12 孔、11 孔和 44 孔出现了薄层粉砂，厚度最大为 1.2m ［图 2.32 （b）］。

16～20m，粉砂分布区域逐渐变得广泛，小清河北岸较远的 51 孔、58 孔和 59 孔等均有粉砂的分布；粉砂厚度以 44 孔和 12 孔最大，以这两个孔为厚度沉积中心，向周围粉砂厚度逐渐变薄 ［图 2.32 （c）］。

20～24m，粉砂分布区域更为广泛，厚度也逐渐变大，以 44 孔、102 孔、46 孔、81 孔、34 孔和 31 孔等 13 个孔厚度最大，其他含粉砂的孔位以这些孔为厚度沉积中心，向周围厚度逐渐变薄 ［图 2.32 （d）］。

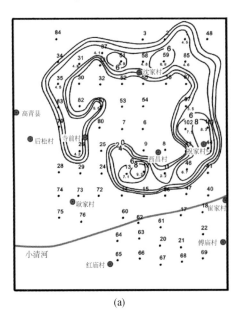

(a)

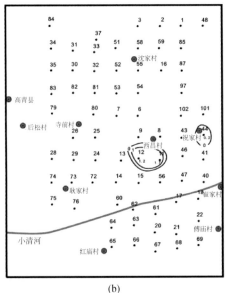

(b)

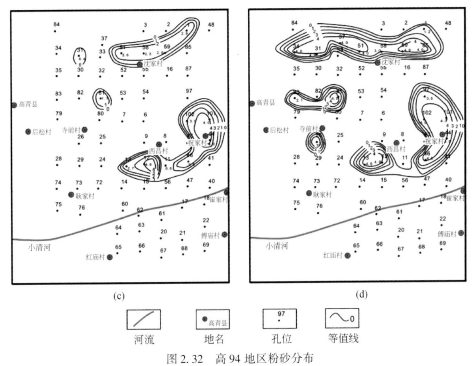

(c)　　　　　　　　　　　　　　　　(d)

| 河流 | 地名●高青县 | 97 孔位 | 等值线 |

图 2.32　高 94 地区粉砂分布

（a）0~24m；（b）12~16m；（c）16~20m；（d）20~24m

2）泥质粉砂平面分布特征

泥质粉砂在高 94 地区分布较为普遍，从泥质粉砂平面展布图 [图 2.33（a）] 可知，小清河南北均广泛分布泥质粉砂，其中在小清河北岸，泥质粉砂以 48 孔、28 孔、9 孔和 8 孔厚度最大，以其组成厚度沉积中心，向周围厚度依次减小；而小清河南岸以 18 孔泥质粉砂厚度最大，并以该孔为厚度沉积中心，向周围依次减小。

通过高 94 地区沉积物垂向分布特征可知，泥质粉砂在区内普遍存在，且小清河南北均有分布。

0~4m，在小清河北岸，泥质粉砂厚度最大的孔位为 32 孔、8 孔和 14 孔，其他孔位以这个 3 个孔位为厚度沉积中心，向周围泥质粉砂厚度逐渐变薄；小清河南岸泥质粉砂厚度最大的孔位是 65 孔，并以其为厚度沉积中心，向周围厚度逐渐减小 [图 2.33（b）]。

4~8m，在小清河北岸厚度最大的孔位为 63 孔、58 孔和 28 孔等 6 个孔位，厚度均达到 3.0m 以上；小清河南岸泥质粉砂厚度均小于 3.0m [图 2.33（c）]。

8~12m，在小清河北岸，泥质粉砂厚度最大的孔位为 48 孔，厚度达到了 4.0m；小清河以南泥质粉砂厚度较大孔位为 18 孔和 69 孔，厚度达到了 3.0m 以上 [图 2.33（d）]。

12~16m，在该层段泥质粉砂厚度变大，小清河北岸泥质粉砂厚度大于 3.0m 的孔位增多；而在小清河南岸，泥质粉砂的厚度有 3 个孔达到了 4.0m [图 2.33（e）]。

　　16～20m，该层段泥质粉砂厚度大于3.0m的孔位变得较多，小清河以北泥质粉砂厚度达到4.0m的孔位达到了6个，且其他孔位的厚度也较大；小清河南岸，67孔泥质粉砂厚度达到了4.0m，其余孔位厚度也较大［图2.33（f）］。

　　20～24m，在此层段，泥质粉砂厚度大于3.0m的孔位达到最多，小清河北岸，28孔、9孔和2孔泥质粉砂厚度均达到4.0m；小清河南岸泥质粉砂厚度达到3.0m以上的孔位有61孔、22孔和21孔［图2.33（g）］。

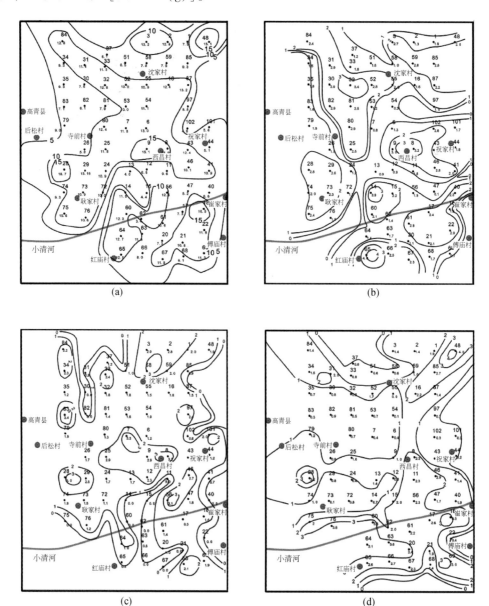

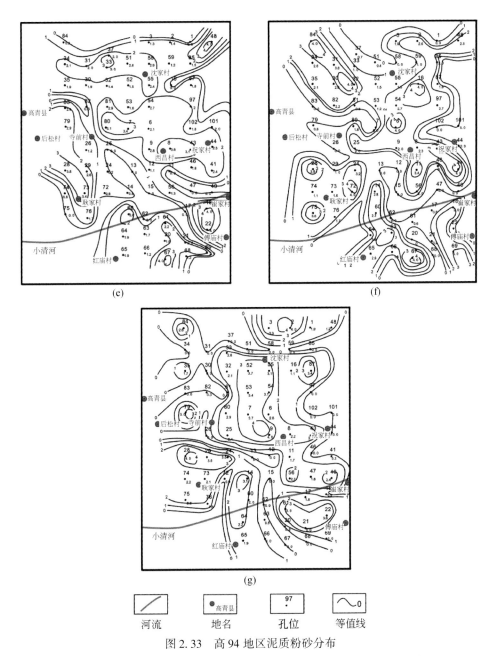

图 2.33　高 94 地区泥质粉砂分布

（a）0~24m；（b）0~4m；（c）4~8m；（d）8~12m；（e）12~16m；（f）16~20m；（g）20~24m

3）粉砂质泥平面分布特征

高 94 地区粉砂质泥分布广泛，从粉砂质泥平面展布图［图 2.34（a）］可知，粉砂质泥在小清河南北均有分布，其中在小清河北岸以 30 孔、82 孔和 79 孔厚度最大，并以这 3 个孔为厚度沉积中心，向周围逐渐变薄；而在小清河南岸，只有 61 孔厚度最大，其他孔以 61 孔为厚度沉积中心，粉砂质泥向周围厚度逐渐变薄。

　　0～4m，在小清河北岸，粉砂质泥达到3.0m以上的孔位有58孔、54孔和12孔等6个，其余孔位以它们为厚度沉积中心，粉砂质泥厚度向周围逐渐变薄；小清河以南只有69孔粉砂质泥厚度达到了3.0m以上，其余孔位粉砂质泥厚度较低，并以69孔为厚度沉积中心，向周围逐渐变薄［图2.34（b）］。

　　4～8m，在小清河北岸，粉砂质泥厚度达到4.0m的孔位有30孔、82孔和102孔等8个，其余孔位以这8个孔为厚度沉积中心，粉砂质泥厚度向周围逐渐变薄；小清河南岸粉砂质泥厚度达到4.0m的孔位有22孔、62孔、68孔和67孔，其余孔位泥质粉砂厚度均较大［图2.34（c）］。

　　8～12m，在小清河北岸，粉砂质泥厚度大于3.0m的孔位增多，厚度达到4.0m的孔位只有一个，为55孔；小清河以南粉砂质泥厚度均较低，只有22孔粉砂质泥大于3.0m［图2.34（d）］。

　　12～16m，小清河以北粉砂质泥厚度达到4.0m的孔位有1孔、82孔和25孔等5个，其余孔位以这5个孔为厚度沉积中心，向周围厚度逐渐减小；小清河以南粉砂质泥厚度较小，均为低于3.0m的孔位［图2.34（e）］。

　　16～20m，小清河以北粉砂质泥厚度达到4.0m的孔位为83孔、7孔和26孔，其余孔位以这3个孔为厚度沉积中心，向周围粉砂质泥厚度逐渐降低；小清河以南，62孔粉砂质泥厚度达到4.0m，其余孔位以62孔为厚度沉积中心，粉砂质泥厚度向周围逐渐变薄［图2.34（f）］。

　　20～24m，在小清河北岸粉砂质泥达到4.0m的只有30孔，其余孔位以30孔为厚度沉积中心，向周围厚度逐渐降低，且厚度为0m的孔位较多；小清河南岸粉砂质泥厚度较小，只有18孔大于3.5m［图2.34（g）］。

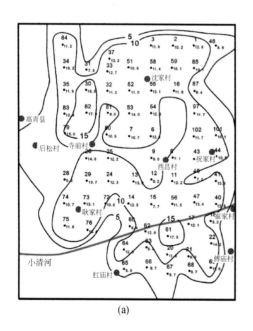

(a)

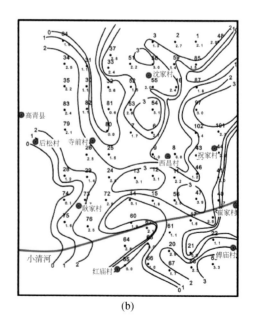

(b)

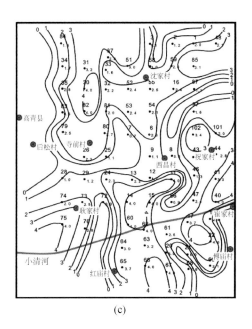

(c)

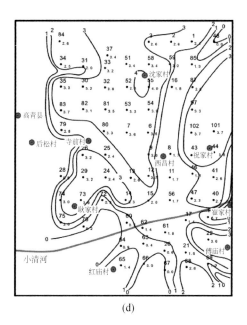

(d)

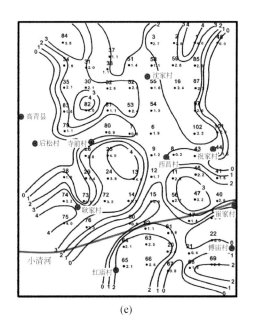

(e)

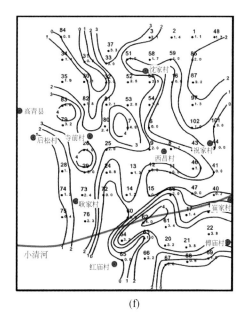

(f)

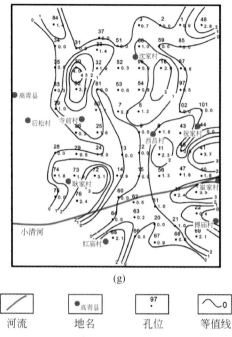

(g)

河流　　　地名　　　孔位　　　等值线

图 2.34　高 94 地区粉砂质泥分布

（a）0~24m；（b）0~4m；（c）4~8m；（d）8~12m；（e）12~16m；（f）16~20m；（g）20~24m

4）泥平面分布特征

高 94 地区泥分布较少。从泥平面展布图［图 2.35（a）］可以看出，地区内小清河南北都有泥分布，但是分布比较少，厚度较大的孔位均位于小清河附近，且小清河北岸以 72 孔和 60 孔泥厚度最大，向周围逐渐变薄；小清河南岸泥厚度最大的为 68 孔，其他孔以 68 孔为厚度沉积中心，向周围逐渐变薄。

0~4m，泥分布较少，小清河南北均比较薄［图 2.35（b）］。

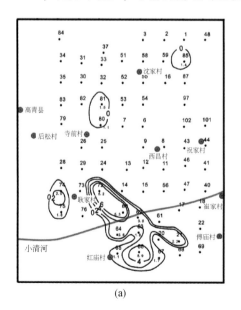

(a)

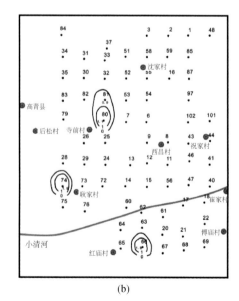

(b)

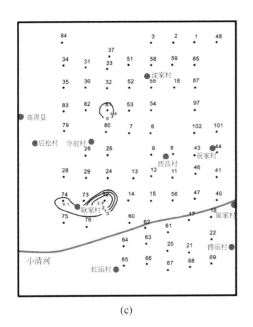

(c)

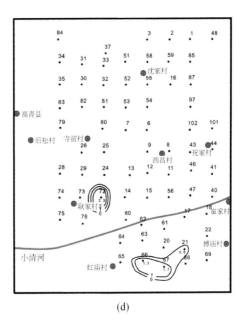

(d)

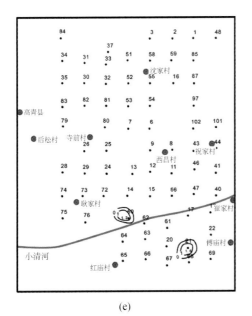

(e)

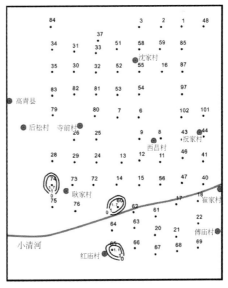

(f)

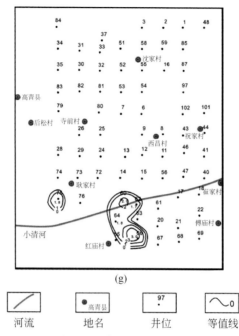

(g)

河流	地名	井位	等值线

图 2.35　高 94 地区泥分布

（a）0～24m；（b）0～4m；（c）4～8m；（d）8～12m；（e）12～16m；（f）16～20m；（g）20～24m

4～8m，泥分布较少，且只有小清河北岸有分布，泥厚度最大的孔位为 72 孔，厚度可达 2.9m ［图 2.35（c）］。

8～12m，泥分布较少，小清河南北均有分布，且厚度均较薄 ［图 2.35（d）］。

12～16m，泥分布变得更少，小清河南北就各只有一个孔，且厚度均较薄 ［图 2.35（e）］。

16～20m，泥分布较少，小清河南北均有分布，厚度较薄 ［图 2.35（f）］。

20～24m，泥分布集中在小清河南岸，厚度达到了 3.0m ［图 2.35（g）］。

2. 高 94 地区浅层沉积物分布规律

通过对高 94 地区第四纪浅层进行静力触探测试、浅层地震实验和钻孔取心分析，得出高 94 地区沉积物垂向分布与平面的展布特征：

在垂向上，通过该区的 13 条剖面岩性对比可知，高 94 地区第四纪浅层沉积物主要有粉砂、泥质粉砂、粉砂质泥和泥四大类，地表为一薄层人工填土。粉砂一般只存在于深度大于 12m 的层位中，且横向连通性较差，容易尖灭；泥质粉砂在整个第四纪浅层均存在，且厚度较大，横向连通性也好；粉砂质泥亦在整个地区第四纪浅层均存在，厚度也较大，横向连通性较好；泥在地区第四纪浅层厚度较小，通常是以夹层的形式存在于其他沉积物之间，但 0～50m 均存在，通过静力触探测试和取心分析可知，高 94 地区小清河以南的沉积物中普遍含有钙质结核，有的层位甚至出现钙质结核层，钙质结核层在静力触探上往往被解释成粉砂，本书作出了校正，钙质结核层在横向上不连续，小清河以北的粉砂质泥和泥中也含有零星分布的钙质结核。

在平面上，通过沉积物总厚度和分段分别分析高 94 地区第四纪浅层沉积物平面展布特征。沉积物总厚度主要是以粉砂 (0～24m)、泥质粉砂 (0～24m)、粉砂质泥 (0～24m) 和泥 (0～24m) 作分析。通过分析可知粉砂在高 94 地区第四纪浅层分布较少，但厚度较厚，只分布在小清河以北，呈带状展布，小清河以南没有粉砂存在；泥质粉砂在高 94 地区第四纪浅层分布较广，厚度较厚，小清河南北均有分布，且平面厚度变化较大，小清河以北泥质粉砂厚度整体上较小清河以南厚；粉砂质泥在高 94 地区第四纪浅层分布亦较广，厚度也较大，在小清河南北均有分布，平面厚度变化不大；泥在高 94 地区分布较少，小清河南北均有零星分布，厚度也较薄，变化不大。沉积物分段主要以每 4m 为一段，对高 94 地区沉积物平面分布特征进行分析，可知粉砂在地区的地表 0～12m 均没有，在 12m 以下才有分布，且只在小清河以北存在，深度越大，粉砂分布范围越广，表明高 94 地区小清河以北在早期受到了河流的影响；泥质粉砂在高 94 地区第四纪浅层分布较广，通过每 4m 为单位分段可知，随着埋深的增加，泥质粉砂厚度变厚，小清河南北亦是如此；粉砂质泥在高 94 地区第四纪浅层分布范围广泛，0～24m 均有分布，但是随着埋深的增加，粉砂质泥厚度变薄；泥在高 94 地区分布范围较小，厚度也较薄，小清河南北 0～24m 均有分布，从 4m 分段上可以看出，每一层段泥都零星分布且随着埋深增加，泥分布范围变小。

2.3.2 胜北地区浅层沉积物分布规律

根据胜北地区第四纪浅层静力触探解释及取心孔岩性特征分析，可以得出该区内发育的各类沉积物在平面上的展布特征。通过以 4m 为厚度单位对沉积物平面展布特征进行分析，同时通过取心井的岩性分析，对静力触探进行校正，将胜北地区 20m 以下的粉砂校正为中细砂。

1. 粉砂平面分布特征

从沉积物垂向沉积特征可以看出，粉砂集中发育在 12～24m，浅层发育较少，本节将分层段对粉砂的发育特征进行描述 (图 2.36)。

0～4m，粉砂分布较少，由图 2.36 可以看出，粉砂主要发育在胜北地区的西北部，以 Y15 孔、Y18 孔为厚度沉积中心，厚度最厚可达 3.3m。

4～8m，粉砂的分布呈现出一定的规律性，主要集中在该区中部，沿 Y51 孔、Y36 孔、Y37 孔呈南北向条带状展布，以 Y38 孔、Y33 孔为厚度中心沉积，粉砂最厚为 2.2m。

8～12m，粉砂含量较少，主要分布在该区东部 Y03 孔附近，厚度较薄。

12～16m，与 8～12m 段相比，本段的粉砂分布变大，粉砂更加富集，而且厚度也逐渐变大，该段粉砂沉积规律明显，呈条带状展布，厚度中心为 Y13 孔、Y08 孔厚度最厚可达 3.8m。

16～20m，粉砂主要呈北东—南西方向条带状展布，厚度最厚为 4m。

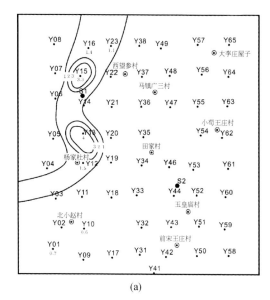

(a)

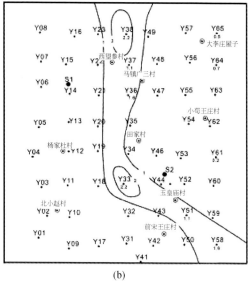

(b)

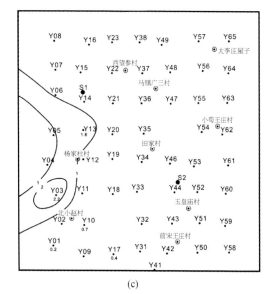

(c)

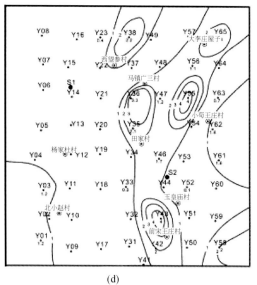

(d)

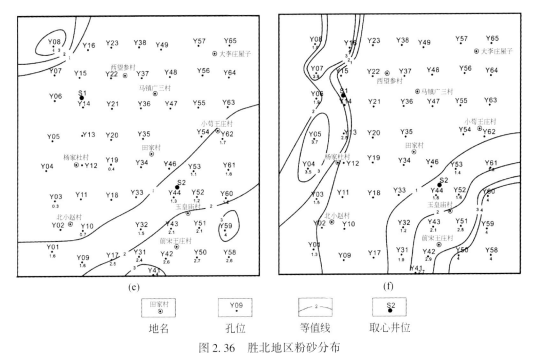

(e)

(f)

田家村 ⊙	Y09 •	—2—	S2 •
地名	孔位	等值线	取心井位

图 2.36 胜北地区粉砂分布

（a）0~4m；（b）4~8m；（c）8~12m；（d）12~16m；（e）16~20m；（f）20~24m

20~24m，中细砂分布变广，沉积厚度增大，发育多个厚度沉积中心，最厚可达4m。

从不同层段粉砂的平面展布特征可知，从0~24m，粉砂的含量随深度的增大而逐渐增加，厚度及范围均逐渐增加，20~24m中细砂分布范围最广，整体上砂呈条带状展布。

2. 泥质粉砂平面分布特征

从沉积物垂向沉积特征可以看出，泥质粉砂在胜北地区分布范围较广，规律性不强（图2.37）。

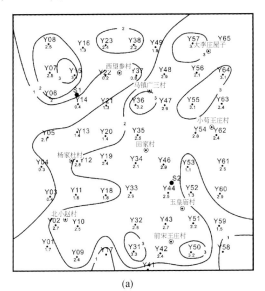

(a)

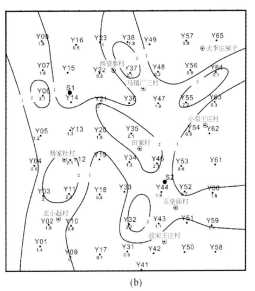

(b)

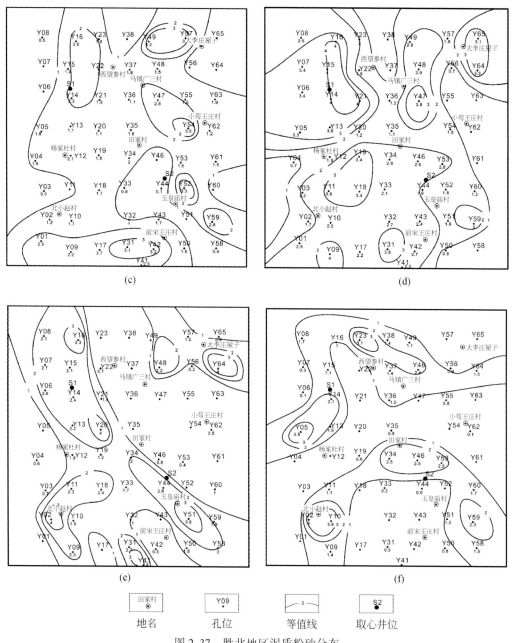

图 2.37　胜北地区泥质粉砂分布

(a) 0~4m; (b) 4~8m; (c) 8~12m; (d) 12~16m; (e) 16~20m; (f) 20~24m

3. 粉砂质泥平面分布特征

从沉积物垂向沉积特征可以看出，粉砂质泥在胜北地区分布范围较广，规律性不强（图 2.38）。

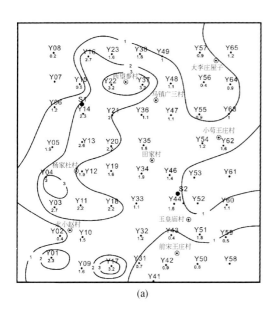

(a)

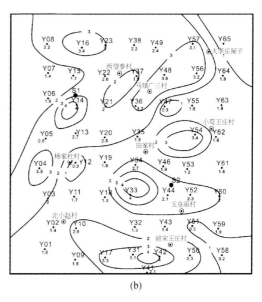

(b)

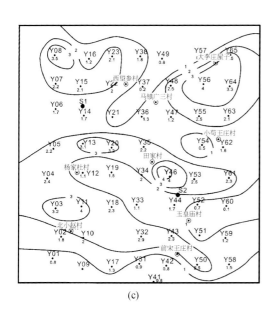

(c)

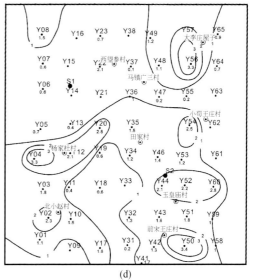

(d)

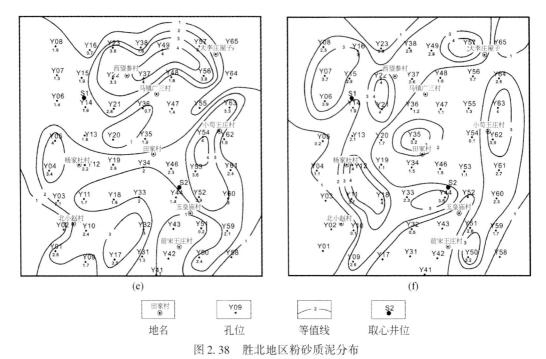

(e)   (f)

田家村 ⊙	Y09 ·	～2～	S2 ●
地名	孔位	等值线	取心井位

图 2.38   胜北地区粉砂质泥分布

（a）0～4m；（b）4～8m；（c）8～12m；（d）12～16m；（e）16～20m；（f）20～24m

4. 泥平面分布特征

从沉积物垂向沉积特征可以看出，泥在胜北地区分布范围较少，整体上零星分布，仅 4～12m 分布稍多（图 2.39）。

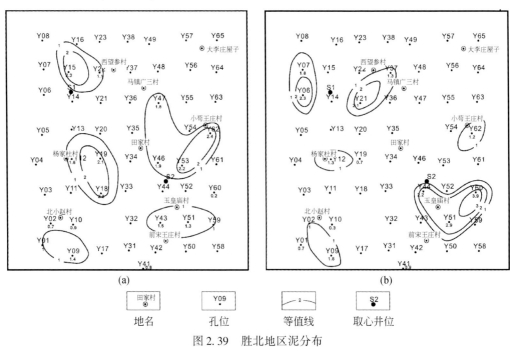

(a)   (b)

田家村 ⊙	Y09 ·	～2～	S2 ●
地名	孔位	等值线	取心井位

图 2.39   胜北地区泥分布

（a）4～8m；（b）8～12m

第3章 惠民凹陷浅层沉积物特征研究

本章重点研究全新世以来惠民凹陷的岩性特征、沉积相特征，以及典型探区的沉积物分布规律。通过岩心描述、镜下鉴定及粒度测试等手段，证实惠民凹陷的沉积物类型包括中砂、细砂、粉砂、泥等，以及泥质粉砂、粉砂质泥、泥等类型。钻孔及剖面中识别出河流相为惠民凹陷的主要沉积相类型。

3.1 惠民凹陷浅层沉积物的岩性特征

通过对区内取心描述、镜下鉴定及粒度测试等手段，总结出惠民凹陷的岩性以泥及粉砂质泥为主，泥含量最高，为29%，中砂、细砂、粉砂含量中等（图3.1），其中中砂及

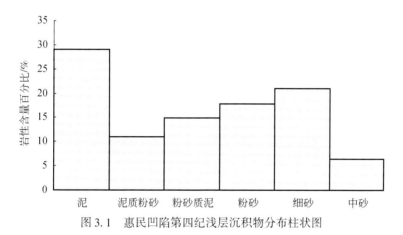

图3.1 惠民凹陷第四纪浅层沉积物分布柱状图

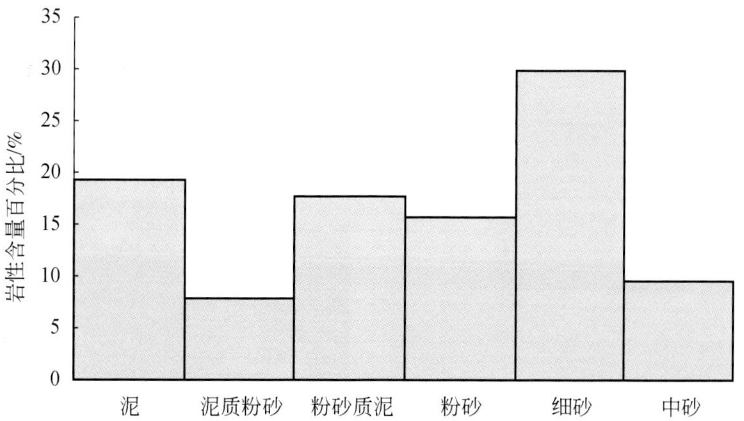

图3.2 商河地区第四纪浅层沉积物分布柱状图

细砂的发育层位主要分布在取心井 18~24m。商河地区与临南地区整体规律一致，其中商河地区取心井岩性以泥及细砂为主，商河地区内砂较为发育，粒度最粗可达中砂，含量中等（图 3.2）；临南地区取心井岩性以泥为主，含量可达 31%，泥质粉砂及粉砂质泥也较为发育，砂主要发育粉砂及细砂，最粗可达中砂，但含量较少（图 3.3）。

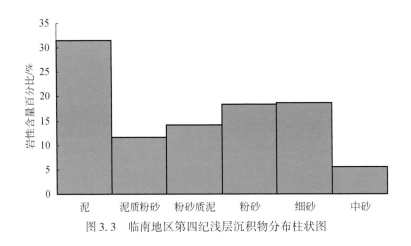

图 3.3　临南地区第四纪浅层沉积物分布柱状图

3.1.1　中砂

商河地区中砂含量较少，在商河地区 HS1 取心孔 22~30m 处发育，其颜色为灰黑色，颗粒较粗，石英、长石等颗粒肉眼可见 [图 3.4（a）]。在 HS1 取心孔中发现的中砂以含细砂中砂为主，主要为灰黑色，颗粒较粗，肉眼也可见石英、长石等颗粒。通过镜下薄片鉴定，石英含量在 40% 左右，分选较好，以次圆状为主，长石含量在 30% 左右，长石含量较高，以斜长石为主，可见长石蚀变现象，岩屑含量在 30% 左右 [图 3.4（b）]。在粒度特征上泥含量小于 10%，粉砂含量约 8.5%，细砂含量约 20.22%，中砂颗粒含量较高，约 52.53%，并且有少量的粗砂，约 13%。

(a)　　　　　　　　　　　　　　　　　(b)

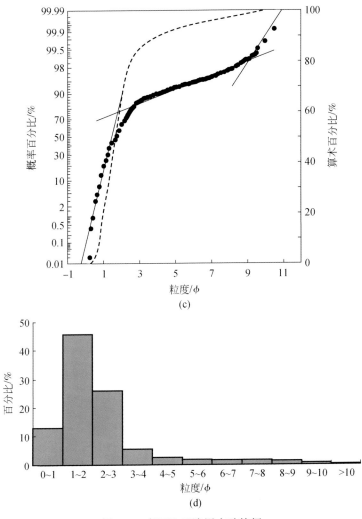

图 3.4　商河地区浅层中砂特征

（a）灰黑色细-中砂，HS1 孔，27~30m；（b）细-中砂，HS1 孔，29m；（c）粒度概率累积曲线，HS1 孔，28m；
（d）粒度直方图，HS1 孔，28m

3.1.2　细砂

商河地区细砂含量相对较少，HS1 孔及 HS3 孔中有发育，主要是含中砂细砂及粉砂质细砂，以灰黑色为主，颗粒较粗，石英、长石等颗粒肉眼可见。细砂以灰黑色为主，颗粒中具有泥质组分，肉眼也可见石英、长石等颗粒。通过薄片观察分析得出，以 HS1 孔，15.0m 为例，石英含量为 55%，含量较少，多为次棱角状，可见波状消光和石英次生加大结构，长石含量在 25% 左右，主要为钾长石，可见蚀变现象，并且含有少量微斜长石，岩屑含量约 20%，主要为泥岩岩屑和云母碎片，分选中等-差，成分成熟度和结构成熟度较低 [图 3.5（b）]。在粒度特征上含中砂细砂中黏土含量约 5.62%，粉砂含量约 13.28%，而细砂含量在54.95%左右，中砂颗粒含量为17.18%，并且从图3.5还可以看出，含中砂细砂中还含有少量的粗砂颗粒［图3.5（d）］。

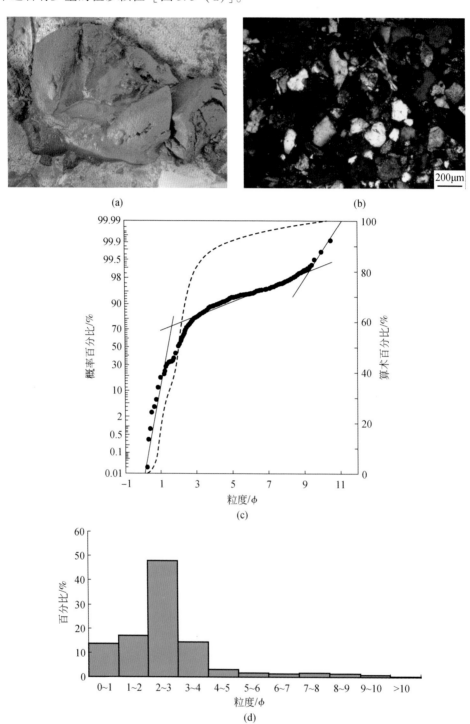

图3.5 商河地区浅层细砂特征

（a）灰黑色中-细砂，HS1孔，15m；（b）中-细砂，HS1孔，15m；（c）粒度概率累积曲线，HS1孔，15m；

（d）粒度直方图，HS1孔，15m

3.1.3 粉砂

商河地区粉砂含量比较少，在 HS1 孔、HS2 孔、HS3 孔中均有发现。主要是粉砂和含细砂的粉砂。HS1 孔中粉砂主要为黄褐色，HS3 孔中含细砂粉砂主要为灰黑色，颗粒肉眼可见，石英颗粒明显；通过薄片观察分析得出，以 HS3 孔，19.5m 为例，石英含量为40%，含量较少，多为次棱角状，长石含量在15%左右，可见钾长石、微斜长石和斜长石，岩屑含量较高，约45%，主要为泥岩岩屑和云母碎片，分选中等-差，成分成熟度和结构成熟度较低［图3.6（b）］；在粒度特征上含细砂粉砂中粉砂颗粒占51.9%，而细砂颗粒占16.29%，黏土颗粒组分在8.86%左右，另外还含有颗粒较粗的中砂颗粒，但含量较少［图3.6（d）］。

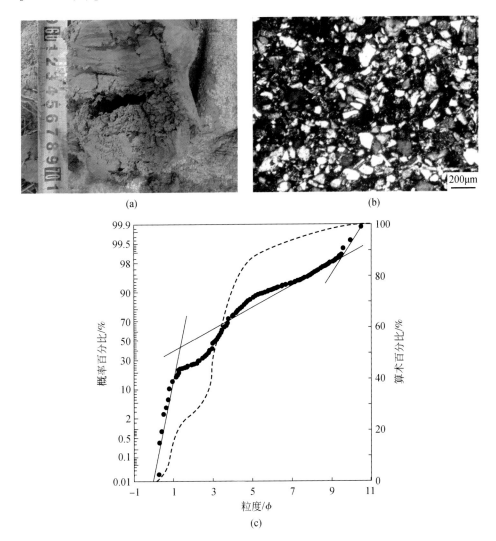

(a) (b)

(c)

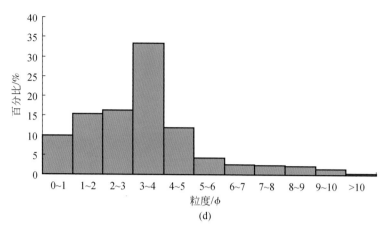

图 3.6　商河地区浅层粉砂特征

（a）黄褐色粉砂，HS3 孔，19.5m；（b）含细砂粉砂，HS3 孔，19.5m；

（c）粒度概率累积曲线，HS3 孔，19.5m；

（d）粒度直方图，HS3 孔，19.5m

3.1.4　泥质粉砂

泥质粉砂在商河地区比较普遍，分布较广泛，在 3 个取心孔中均有发现，颜色多为黄褐色和灰黑色。镜下泥质粉砂的石英含量在 45% 左右，分选中等，以次棱角状为主，可见石英次生加大结构；长石含量在 25% 左右，以斜长石为主，发育聚片双晶，可见微斜长石，岩屑含量在 30% 左右，主要为泥岩和云母颗粒。在粒度特征上泥质粉砂中粉砂含量约66.87%，泥质含量为 33.13%（图 3.7）。

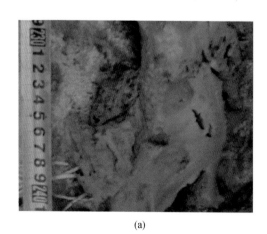

（a）　　　　　　　　　　　　　　　　　　（b）

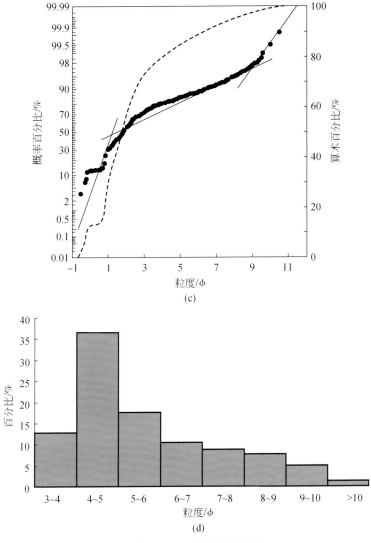

图 3.7　商河地区浅层泥质粉砂特征

（a）黄褐色泥质粉砂，HS2 孔，29~30m；（b）泥质粉砂，HS3 孔，8.2m（+）；

（c）粒度概率累积曲线，HS2 孔，27.9m；（d）粒度直方图，HS2 孔，29.7m

3.1.5　含泥粉砂

含泥粉砂在商河地区分布较少，在 HS2、HS3 取心孔中有发现，主要为灰黑色和黄褐色，颗粒较为清楚；镜下含泥粉砂中石英颗粒占 65% 左右，可见石英的溶蚀现象，长石含量约 25%，主要是斜长石，以次圆状为主，岩屑含量约 10%，主要为泥岩碎屑和云母颗粒。整体上分选中等，磨圆为中等–次棱角。在粒度特征上含泥粉砂中黏土颗粒含量为 20.15%，而粉砂颗粒含量为 65.53%，还含有少量的细砂颗粒（图 3.8）。

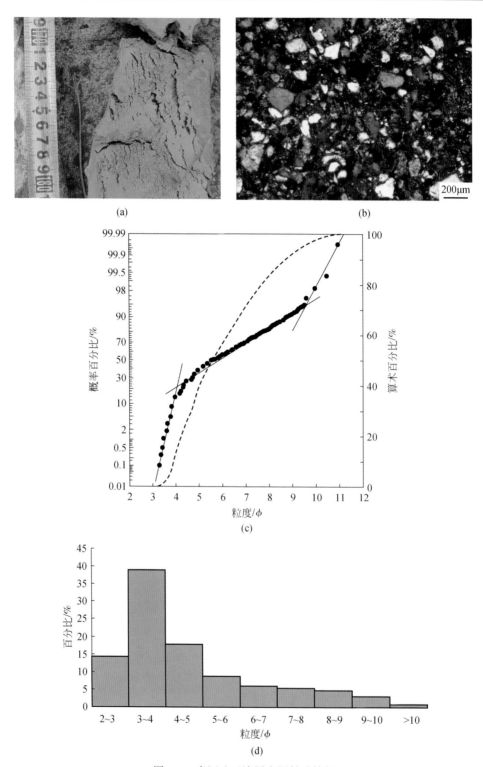

图 3.8　商河地区浅层含泥粉砂特征

（a）黄褐色含泥粉砂，HS2 孔，17.7～17.8m；（b）泥质粉砂，HS2 孔，17.8m（+）；
（c）粒度概率累积曲线，HS2 孔，17.8m；（d）粒度直方图，HS2 孔，17.8m

3.1.6　粉砂质泥

　　粉砂质泥在商河地区广泛发育，在 3 个取心孔中均可见到，颜色从黄褐色到灰黑色；镜下观察粉砂质泥中石英含量在50%左右，颗粒细小，长石含量较少，并且镜下可见被铁质侵染的云母碎片、碳酸盐岩颗粒等。整体上分选较好，磨圆为中等–次棱角状。从粒度特征来说，泥质含量约64.3%，粉砂含量为34.7%（图3.9）。

(a)

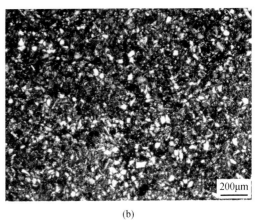

(b)

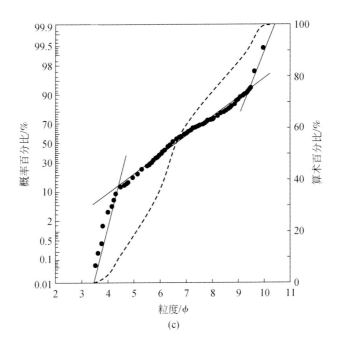

(c)

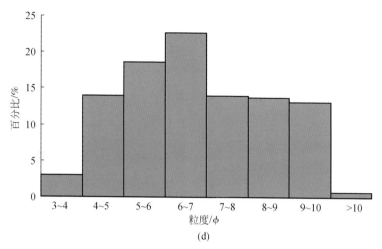

图 3.9　商河地区浅层粉砂质泥特征

（a）黄褐色粉砂质泥，HS2 孔，11.4 ~ 11.5m；（b）粉砂质泥，HS3 孔，10.2m（+）；
（c）粒度概率累积曲线，HS2 孔，11.4m；（d）粒度直方图，HS2 孔，11.4m

3.1.7　泥

　　商河地区泥分布较少，主要集中在 HS2、HS3 两个取心孔当中，在 HS2 孔中尤为发育，主要为黄褐色，通过镜下薄片观察，以泥质及粉砂质的泥为主。从粒度特征来看，泥质含量约88.12%，粉砂颗粒含量约11.88%（图3.10）。

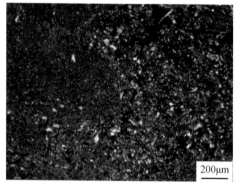

（a）　　　　　　　　　　　　　　　　　　　　（b）

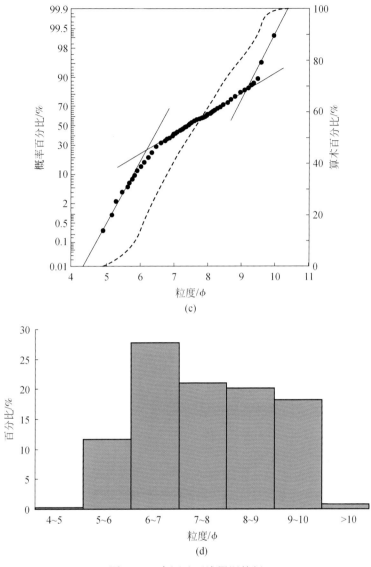

图 3.10　商河地区浅层泥特征

（a）黄褐色泥，HS2 孔，23.1～23.2m；（b）泥，HS2 孔，23.1m（+）；
（c）粒度概率累积曲线，HS2 孔，23.1m；（d）粒度直方图，HS2 孔，23.1m

3.2　惠民凹陷浅层沉积物的沉积相特征

3.2.1　沉积类型

　　萨胡在碎屑沉积物研究中应用了判别分析。他在世界各地采集了大量碎屑沉积物样品，其中有砾石、砂及粉砂，采样的环境类型有河道、泛滥平原、三角洲、海滩、风坪、风成沙丘、浅海及浊流。在对这些样品进行分析研究的基础上，求得了各类沉积环境间的判别函数。其中浅海与河流（三角洲）、河流（三角洲）与浊流判别函数见表3.1。将惠民凹陷沉积物粒度数据用两个公式计算后，结果见表3.2。

表3.1　萨胡判别公式及鉴别值

鉴别沉积环境	判别公式	鉴别值
浅海与河流（三角洲）	$Y_1 = 0.2852 \times M_z - 8.7604 \times$ $\delta_1^2 - 4.89325 \times SK_1 + 0.0482 \times K_G$	浅海 $Y > -7.4190$ 河流 $Y < -7.4190$
河流（三角洲）与浊流	$Y_2 = 0.7215 \times M_z - 0.4030 \times$ $\delta_1^2 + 6.7322 \times SK_1 + 5.2927 K_G$	河流 $Y > 9.8433$ 河流 $Y < 9.8433$

表3.2　惠民凹陷沉积物萨胡公式判别结果

孔号	S1	S2	HS1	HS2	HS3	S4	S6	总均值
Y_1 值	−24.8	−30.5	−18	−24.3	−27.2	−24.1	−28	−25.27
Y_2 值	13.95	10.76	13.02	10.15	10.03	12.94	11.4	11.75

　　通过萨胡公式，判定该区为河流相沉积，这与野外剖面及取心井分析得出的结论相一致，进一步验证了商河地区河流相沉积的结论。

　　河流相是济阳拗陷浅层分布最广泛的沉积相类型，在东营凹陷浅层、惠民凹陷浅层、沾化凹陷浅层地层中均有发育。商河地区和临南地区沉积物中可清晰地识别出河道、河漫滩、河漫湖泊、河漫沼泽等沉积微相类型，证明两个地区在全区内发育河流相，即古河道沉积。

　　从商河地区和临南地区的单孔沉积微相分析可以发现，其主要存在边滩、河漫滩、河漫湖泊三种沉积类型。

　　河道中的边滩又称点沙坝，是河床侧向侵蚀、沉积物侧向加积的结果，且边滩沉积的厚度近似于河床的深度，野外所见到的边滩都是河道砂多期叠加的结果。商河地区河道砂主要发育在HS1及HS3两口取心孔中，主要为黄褐色，颗粒较粗，主要为粉砂及细砂，部分发育中砂。沉积物中沉积构造发育，如河流相成因的交错层理（图3.11）等。

(a)　　　　　　　　　　　　　　　　(b)

图3.11　济阳拗陷浅层河流相边滩沉积

（a）粉砂中的交错层理，山东商河；（b）粉砂中的槽状交错层理，山东商河

　　河漫滩是河床外侧河谷底部较为平坦的部分，平水期无水，洪水期漫溢出河床，淹没平坦的谷底，形成河漫滩沉积，且河漫滩的发育与河谷的发育阶段有关。商河地区内 3 个取心孔中均发育有河漫滩沉积物，河漫滩沉积物在商河地区大面积分布，分布范围最广，粒度相对较细，以黄褐色的泥质粉砂和粉砂质泥为主，同时发育红色泥，颗粒组分主要为悬浮颗粒。常见的结构构造为红色泥中的泥裂（图 3.12）。

(a)　　　　　　　　　　　　　　　　　　(b)

图 3.12　济阳拗陷浅层河流相河漫滩沉积

（a）黄褐色泥质粉砂，山东商河；（b）红色泥中的泥裂，山东商河

　　河漫湖泊是河漫平原上最低的部分，洪水期河水漫溢至河床两侧河漫滩之上，洪水期后低洼地区就会积水，形成河漫湖泊。河漫湖泊以细粒沉积为主，是河流相中最细的沉积类型，可见泥岩中泥裂，干旱的气候条件下，表面急速蒸发，常形成钙质及铁质结核。在潮湿气候条件下，生物繁茂，可发现保存较完整的动植物化石。商河地区河漫湖泊沉积物以灰黑色泥为主，沉积物粒度较细，常见螺化石（图 3.13）。

(a)　　　　　　　　　　　　　　　　　　(b)

图 3.13　济阳拗陷浅层河流相河漫湖泊沉积

（a）黑色泥，山东商河；（b）腹足类化石，山东商河

　　河漫沼泽为潮湿气候条件下，河漫滩上低洼积水地带植物生长繁茂并逐渐淤积而成，或是由潮湿气候区河漫湖泊发展而来，与河漫湖泊有较多的相似之处，但河漫沼泽中可发育泥炭沉积。临邑地区内河漫沼泽沉积物以泥为主，可见大量的植物根茎（图 3.14）。

 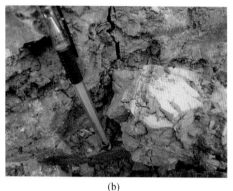

(a)　　　　　　　　　　　　　　　　　(b)

图 3.14　济阳拗陷浅层河流相河漫沼泽沉积

（a）植物根茎，山东临邑；（b）植物根茎，山东临邑

3.2.2　河流相沉积粒度响应

一般碎屑沉积物包括三个次总体，这是由基本搬运方式的不同所造成的，搬运方式包括悬浮、跳跃和滚动三种，相应地在粒度概率曲线上形成了三个次总体，它们分别代表着样品中的悬浮搬运组分、跳跃搬运组分和滚动搬运组分。在正常水流中，沉降速度小于涡流垂直速度的细小颗粒在水中呈悬浮状态，构成悬浮负载，而较大的颗粒则下沉，成为底负载；水流对下沉组分的搬运方式又分为两种，即跳跃搬运和滚动搬运。

悬浮搬运组分：最细的颗粒在水流中呈悬浮搬运，其颗粒大小一般小于 0.1mm，悬浮的最大粒度是水流搅动强度的标志，大多数沉积物都包含一些从悬浮状态沉积下来的细粒组分，它们在粒度概率图中形成一个独立的悬浮搬运次总体。跳跃搬运组分：一边跳跃一边向前搬运，跳跃搬运的方式在动荡的水中或流水中容易对颗粒进行分选，因此跳跃次总体是沉积样品中分选最好的组分，它往往作为主要部分构成沉积物的格架，在几种常见的河成、海成沉积中都以跳跃次总体为主。滚动搬运组分：这是最粗粒的组分，它们只能沿底面滑动、滚动、拖曳前进，在粒度概率图上，滚动次总体居于左下方。

河流沉积物粒度概率图的主要特点是悬浮次总体比较发育，其含量可达 30%，悬浮次总体与跳跃次总体之间的交点在 2.75 ~ 3.5 区间内，跳跃总体的倾斜多在 60° ~ 65° 范围内，一般不存在滚动组分（图 3.15）。

商河地区砂层粒度概率累计曲线如图 3.16 所示，将其与经典现代河道砂的粒度概率图对比可知，两者具有很好的相似性，即该区砂层具有河道沉积的特征。悬浮次总体与跳跃次总体之间的交截点在 2.5 ~ 3.7，跳跃次总体占 50% ~ 70%，倾斜在 65° ~ 80° 范围内；悬浮次总体占 30% ~ 50%，倾斜度较低。商河地区 HS1 孔和 HS3 孔底部砂层平均粒径 $M_z = 2.18\phi$，胜北地区 S1 孔和 S2 孔底部砂层平均粒径 $M_z = 3.15\phi$，所以该区从 SW 向 NE 沉积物变细，推移质含量降低，悬移质含量升高，体现单向水流特征。

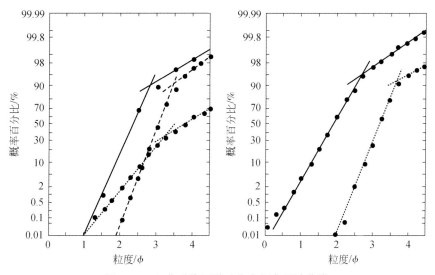

图 3.15　经典现代河道砂粒度概率累计曲线

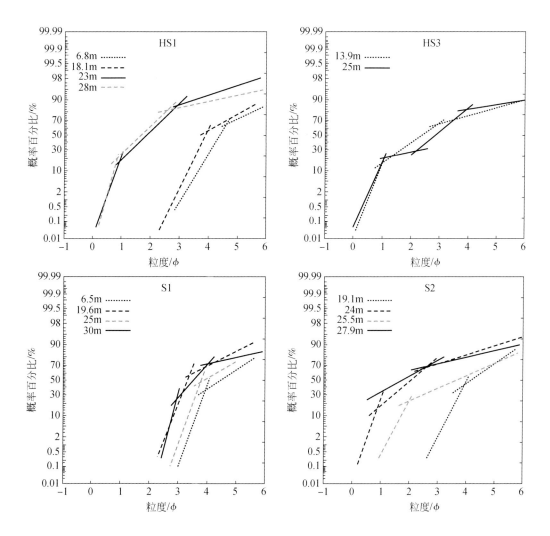

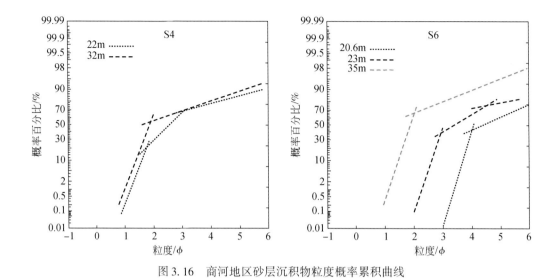

图 3.16　商河地区砂层沉积物粒度概率累积曲线

3.2.3　古河道沉积旋回及期次划分

1. 古河道垂向结构

曲流河沉积的理想垂向层序由下至上，粒度由粗变细，层理规模由大变小，层理类型由大型槽状交错层理变为小型交错层理、上攀层理、水平层理，底部具有冲刷面，构成了一个典型的间断性正韵律或正旋回。韵律的下段由河床亚相的底部滞留沉积和点沙坝沉积组成，是河道迁移而引起的沉积物侧向加积的结果，构成了河流沉积剖面下部层序，称为底层沉积。韵律的上段由堤岸亚相和河漫亚相（泛滥盆地）组成，属于泛滥平原沉积，主要是大量细粒悬浮物质在洪泛期垂向加积的结果，构成了河流沉积剖面的上部层序，又称为顶层沉积。底层沉积和顶层沉积的垂向叠置，构成了河流沉积的"二元结构"。二元结构是河流相沉积的重要特征。在曲流河沉积中，二元结构较为明显，顶层沉积和底层沉积厚度近于相等或前者大于后者。

在一个地区的河流沉积剖面上，若二元结构重复出现，则可形成多个间断性正旋回，每个旋回即由一个二元结构组成。

商河地区及胜北地区西部钻孔沉积物以中细砂和粉砂、泥层交替为特征，旋回性明显，可以划分出三个下粗上细的沉积旋回，具有明显的曲流河相沉积特征，尤以 HS3 孔和 S2 孔发育最完整（图 3.17）。

2. 古河道期次划分

1）古河道沉积砂层粒度垂向分布特征

第三期古河道沉积砂层的平均粒径 $M_z = 2.41\phi$，标准偏差 $\sigma = 1.64\phi$，分选较差，磨圆中等，颗粒以推移质和跃移质为主，泥质含量较少。

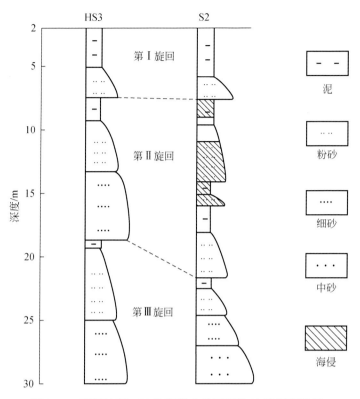

图 3.17　商河地区 HS3 孔和胜北地区西部 S2 孔沉积旋回

第 II 期古河道沉积砂层的平均粒径 $M_z = 3.50\phi$，标准偏差 $\sigma = 1.61\phi$，颗粒以跃移质为主。与第 I 期沉积砂层相比，粒径小，分选相似，推移质含量降低，悬移质含量增加。

第 I 期古河道接近地表，受植被和地表水影响较大，难以统计数据，总的来看，悬移质较第 II 期增多，沉积物以泥质粉砂和粉砂质泥为主。

2）孢粉组合特征

根据前人研究成果（张祖陆，1990），惠民地区埋深 0～50m 内的沉积物中孢粉组合基本上可以划分为上、中、下部三个带，其中下部孢粉带对应第三期古河道，中部孢粉带对应第二期古河道，上部孢粉带对应第一期古河道。

下部孢粉带中木本植物为针叶林优势带，草本植物以旱生蒿属、藜科和麻黄属为主，湿生的莎草科和香蒲属较少，所以下部孢粉带属针叶林−草原植被；中部孢粉带木本植物仍以松属为主，但云杉、冷杉属大大减少，草本植物除蒿属、藜科、菊科及唇形科外，有较多的香蒲、莎草科湿生草本植物，所以该孢粉带为针、阔叶林−草原植被；上部孢粉带为针、阔混交林，但是针叶树多于阔叶树，且以松属为主，草本植物大大超过木本，大部分为旱生蒿属，此孢粉带反映的是接近现代东北沿海松栎林−草原植被。根据不同孢粉带的差异可以判断三期古河道形成时期气候条件的变化。

3）^{14}C 测年断代

^{14}C 测年是测定样品的 ^{14}C 活动性与现代碳标准的 ^{14}C 活动性的比值计算出来的，适用

于测量 0.3~50kaB. P. 含碳物质年龄，测量精度为 98%~99%。

前人在惠民地区做过大量 ^{14}C 测年工作（张祖陆，1990）。惠民县桑落墅地区埋深 32.23~23.23m（第Ⅲ期古河道底部的侵蚀面处）的灰黑色淤泥所测年龄为 24940±625a B. P.，禹城廿里堡地区埋深 39.51~40.68m 的暗色泥质粉砂所测年龄为 25130±740a B. P.，所以第Ⅲ期古河道开始沉积的年代为晚更新世晚期，即末次冰期开始的时间；桑落墅地区埋深 9.16~11.5m（第Ⅲ期古河道顶部）处，测年数据为 9165±120a B. P.，对应早全新世。所以，第Ⅲ期古河道形成时期应该为晚更新世晚期到早全新世。

莘县土楼地区埋深 8.96~11.19m 处（相当于第Ⅱ期古河道沉积顶部）的淤泥测年数据为 4015±95~5690±110a B. P.，桑落墅地区埋深 5m 处的暗色泥质粉砂测年数据为 4180±150a B. P.，说明第Ⅱ期古河道沉积上限时间为中全新世，即第Ⅱ期古河道形成于早全新世到中全新世。

以此类推，第Ⅰ期古河道形成于中全新世到晚全新世。

综上所述，可将该区古河道自上而下划分为三期。

4）古河道期次划分

以古河道沉积旋回划分为基础，结合沉积物的粒度、孢粉和 ^{14}C 测年等资料，可以将

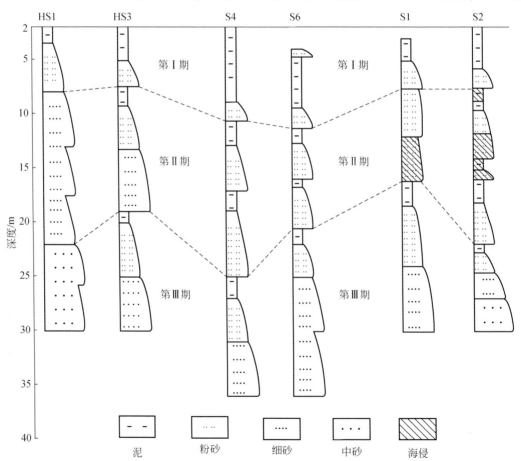

图 3.18　惠民凹陷浅层古河道期次划分

该区区埋深 36m 内的古河道划分为三期（图 3.18），其中最上部的第一期埋深 7~11m，第二期和下部第三期大致以埋深 18~25m 为界。三期古河道空间位置与前述三个沉积旋回基本吻合，也可与鲁北平原的古河道分期对比（张祖陆，1990）。

3.2.4　古河道形成的条件

古河道的发育是河流演变的复杂过程，受气候、地形坡度、构造运动、物源等多种因素影响和制约，本节将从以下几个方面，对惠民地区古河道的形成条件进行分析。

1. 水动力条件

水动力条件是古河道发育的关键因素，它受气候制约。晚更新世晚期至早全新世，即第三期古河道形成时期，河水流量大、流速快、水量充足，水动力条件强，该期古河道最为发育；早更新世至中更新世，即第二期古河道发育时期，气候温暖湿润，降水量大，但由于海平面大幅上升，河流走水不畅，水动力条件较之前弱，该期古河道不甚发育；中更新世至晚全新世，气候转为干冷，降雨分配不均，河流侵蚀能力增强，河水中携带的泥沙增多，河流改道频繁，又形成一期古河道。

此外，晚更新世以来华北平原构造较为稳定，地形无明显高差变化。综上所述，惠民地区的气候、地形、水动力条件及充分的物源，为古河道的发育提供了良好的条件。

2. 气候条件

气候条件主导环境变迁，它控制着温度、降水量，从而影响植被发育和河流水动力条件等因素，所以气候是古河道发育最重要的影响因素之一。

现今为暖温带半湿润半干旱气候，冬季平均气温在 0℃ 左右，夏季气温较高，平均气温在 26℃ 以上，年降水量较少，为 500~800mm，集中在夏秋两季，多以暴雨形式出现。急剧多变的河流流量及伴随洪水出现的高流速，既为河流沉积提供了大量物源，又为河流决口改道提供了动力。

前面已述及惠民地区古气候特征，末次冰期时，气候寒冷干燥，降水多以季节性洪水出现，且海平面大幅度降低，河流侵蚀基准面下降，为河流侵蚀切割基底沉积物提供了条件；中全新世，冰期结束，气温升高，降水增多，气候温暖湿润，植被发育，海平面上升，河流发生溯源堆积和侧向侵蚀；晚更新世，气候逐渐过渡到现今水平。

自晚更新世晚期（即末次冰期）至今，惠民地区降水多以季节性洪水出现，河流极易决口改道，留下了遍布惠民地区的古河道。

此外，气候控制植被发育，植被发育程度影响河流侵蚀能力。在中全新世，气候温暖湿润，惠民地区植被覆盖率高，河流的侵蚀能力下降，河流处于较稳定时期，此时天然堤上植被发育，植物根系又能够加固天然堤，河流不易决口改道。所以中全新世该区古河道相对不发育，而湖沼沉积发育。而在晚更新世晚期和早全新世，气候寒冷干燥，惠民地区植被不发育，河流侵蚀能力强，决口改道频繁，沉积速率快，该时期古河道发育，湖沼沉积不发育。

3. 地形及物源条件

惠民凹陷属于华北地台的一部分，新生代以来的基地构造为 NNE 向，隆起区和拗陷区相间排列，隆起区与拗陷区沉降速率不等，形成华北平原第四纪晚期以来 SW 高 NE 低的地形，为河流 NE 向流动创造了条件。

吴忱等（2000）的研究表明，惠民凹陷浅层古河道物源来自于黄河携带的黄土高原沉积物质。物源充足，在盛冰期河道迁移频繁，气候转暖，海平面上升期发生溯源堆积或侧向加积，为古河道的形成提供了条件。

3.3　典型地区的浅层沉积物分布规律

为了研究惠民凹陷的浅层沉积物分布规律，以及岩性分布特征，本书采用静力触探法对全地区范围的浅层地层进行了逐点探测。根据静力触探资料，分析了惠民凹陷商河地区、临南地区的浅层沉积物垂向和平面的分布规律，得到了惠民凹陷第四纪浅层的沉积环境、沉积岩性及分布规律，为今后开展惠民凹陷重点区块的沉积模式深化研究提供依据。

3.3.1　商河地区浅层沉积物分布规律

商河地区共有静力触探点 200 多个，探测深度均为 24m，其中有 5 个分别对应该区 5 个取心钻孔。通过实际对比可知，静力触探识别的岩性与钻孔取心沉积物岩性有良好的对应关系。需指出的是，本书使用的静力触探能够识别出粒度最粗的岩性为粉砂，而实际钻孔取心得到的沉积物粒度最粗为中细砂，所以以将该地区静力触探识别出的 20m 以下粉砂校正为中细砂。

根据惠民凹陷商河地区第四纪浅层静力触探解释及取心孔岩性特征分析，可以得出区内发育的各类沉积物在平面上的展布特征。本次以 4m 为厚度单位对沉积物平面展布特征进行分析。

1. 粉砂

从沉积物垂向沉积特征可以看出，粉砂集中发育在 16~24m，浅层发育较少，通过对该区静力触探资料的厚度统计，发现区内粉砂从 4m 以下开始发育，0~4m 并不发育粉砂。

4~8m，粉砂分布较少，由图 3.19 可以看出，粉砂主要集中在徒骇河流域附近，其中 168 孔、169 孔、202 孔、129 孔、138 孔的粉砂厚度超过 3.0m，形成厚度中心，另外在 159 孔、142 孔、165 孔、96 孔、77 孔也有零星分布。

8~12m，粉砂分布较 0~4m 逐渐变得广泛，并且集中发育在徒骇河北部，以 101 孔、199 孔、169 孔、138 孔、127 孔、129 孔等为厚度中心，向四周逐渐变薄，粉砂厚度超过 3m 的有 19 个孔，粉砂以这些井为厚度中心，形成了平行于徒骇河方向的条带展布。

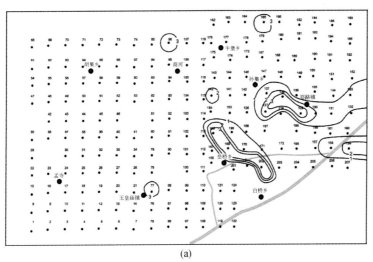

(a)

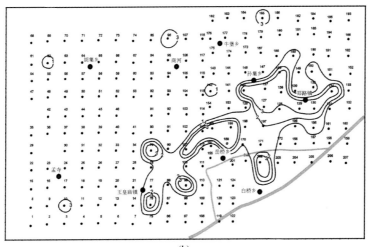

(b)

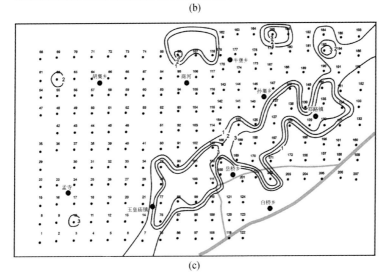

(c)

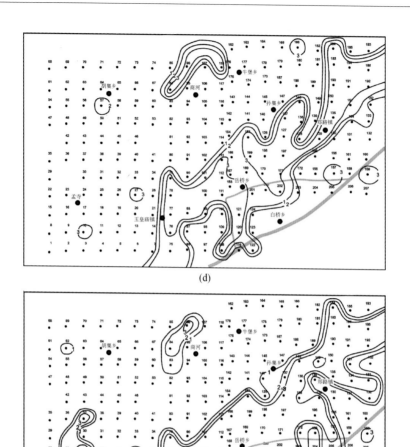

(d)

(e)

地名　　孔号　　等值线　　河流

图 3.19　商河地区粉砂分布

(a) 4～8m；(b) 8～12m；(c) 12～16m；(d) 16～20m；(e) 20～24m

　　12～16m，与 8～12m 段相比，本段的粉砂分布范围更加广泛，粉砂更加富集，而且厚度也逐渐变大,，该段粉砂厚度大于 3m 的孔有 24 个，形成了以 100 孔、198 孔、135孔、111 孔、199 孔、127 孔、138 孔等为厚度中心的沉积，并且呈平行于徒骇河方向的条带展布。

　　16～20m，与 12～16 段相比，本段的粉砂分布范围更广，平行于徒骇河方向的条带状展布规律更加明显，粉砂厚度更大，该段粉砂厚度大于 3m 的孔有 42 个，形成了以 77 孔、88 孔、100 孔、111 孔、155 孔、198 孔、197 孔等为厚度中心的沉积，并且呈平行于徒骇河方向的条带展布，另外在 96 孔附近，也形成了以 96 孔、84 孔等为厚度中心的沉积。

　　20～24m，从图 3.19 可以看出，随着深度的增加，粉砂含量逐渐增加，厚度逐渐增大，平行于徒骇河方向的条带状展布范围逐渐增大，该段粉砂厚度大于 3m 的孔有 52 个，形成了以 88 孔、111 孔、135 孔、170 孔、197 孔、127 孔、138 孔等为厚度中心的沉积，并且呈平行于徒骇河方向的条带展布，另外在 96 孔、24 孔附近，形成了以 96 孔、24 孔为厚度中心的沉积。

2. 泥质粉砂

通过区内沉积物垂向分布特征可知，泥质粉砂在区内普遍存在，分布范围较广（图 3.20）。

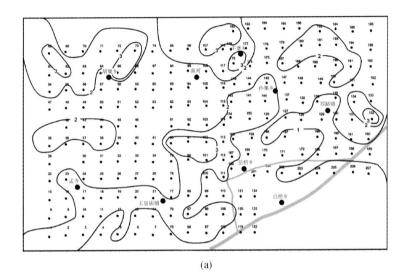

(a)

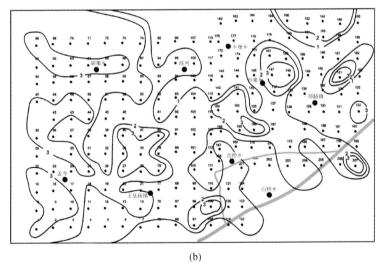

(b)

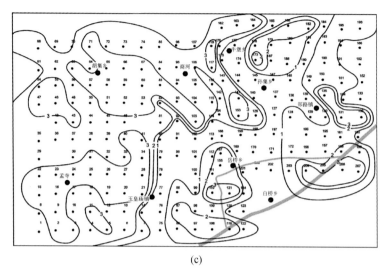

(c)

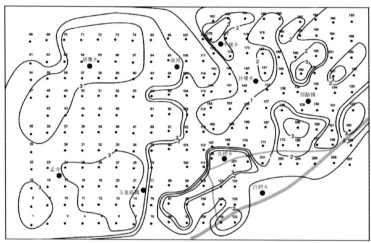

(d)

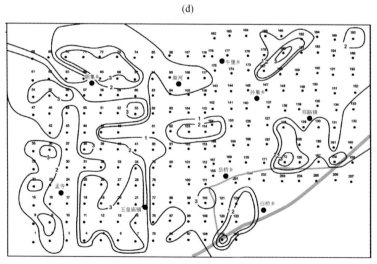

(e)

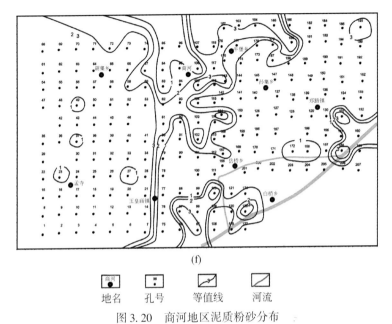

(f)

商河	90		
●	*	↗	╱
地名	孔号	等值线	河流

图 3.20 商河地区泥质粉砂分布

（a）0~4m；（b）4~8m；（c）8~12m；（d）12~16m；（e）16~20m；（f）20~24m

0~4m，从图 3.20 可以看出，该段泥质粉砂分布范围较广，厚度范围在 2~3m 的孔居多，泥质粉砂厚度大于 3m 的孔有 17 个，其他孔以这些孔为厚度中心沉积。

4~8m，泥质粉砂在本段较 0~4m 段更为发育，分布范围更广，而且厚度中心主要集中在商河地区西部，徒骇河北岸，本段泥质粉砂厚度大于 3m 的孔有 31 个，其他孔以这些孔为厚度中心沉积。

8~12m，泥质粉砂在本段也非常发育，泥质粉砂厚度增大，泥质粉砂厚度大于 3m 的孔增多，达到 54 个，主要集中在商河地区的西部。

12~16m，在本层段泥质粉砂厚度变大，西部各孔泥质粉砂厚度基本均在 2.0m 以上，厚度大于 3.0m 的孔位也增多。

16~20m，该层段泥质粉砂主要发育在西部和东部，尤其是徒骇河附近泥质粉砂零星发育，主要以 180 孔、172 孔、119 孔为厚度中心沉积。因为在该段，东部徒骇河附近发育大套的粉砂，泥质含量较少，所以泥质粉砂发育较少。

20~24m，在此层段，泥质粉砂的分布规律基本跟 16~20m 段相一致，泥质粉砂主要发育在西部，西部各孔泥质粉砂厚度均大于 3.0m，东部徒骇河附近，由于古河道发育大套的粉砂，导致泥质含量较少，泥质粉砂发育零星。

3. 粉砂质泥

通过商河地区沉积物垂向分布特征可知，粉砂质泥在区内分布较广（图 3.21）。

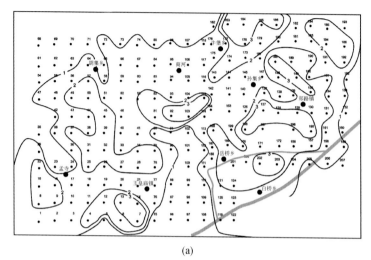

(a)

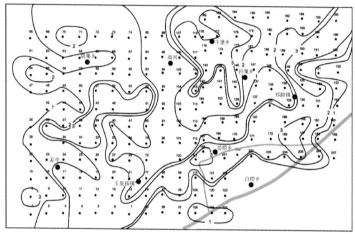

(b)

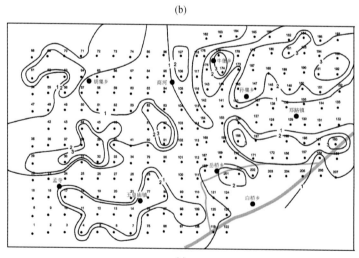

(c)

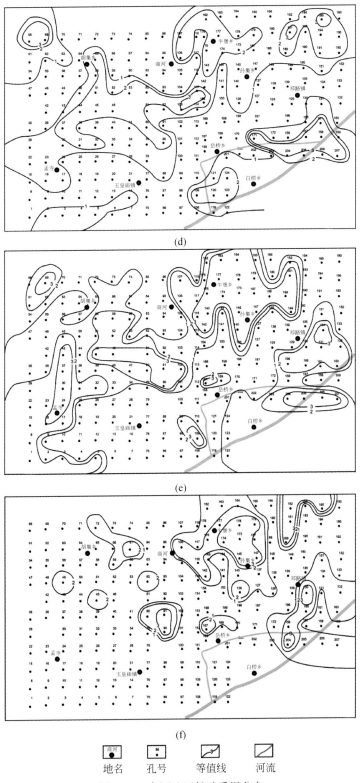

(d)

(e)

(f)

商河 ●	30		
地名	孔号	等值线	河流

图 3.21 商河地区粉砂质泥分布

（a）0~4m；（b）4~8m；（c）8~12m；（d）12~16m；（e）16~20m；（f）20~24m

0~4m，粉砂质泥大规模发育，其中厚度大于3.0m的有7孔、13孔、92孔、103孔、202孔、203孔等20个孔，其他各孔以这些孔为厚度中心向四周逐渐变薄。

4~8m，该段粉砂质泥沉积厚度增大，粉砂质泥厚度大于3.0m的孔达到38个，其他孔以175孔、156孔、45孔、46孔等为厚度中心向四周变薄。

8~12m，该段粉砂质泥厚度较上段变薄，粉砂质泥厚度大于3.0m的孔减少，主要有32孔、39孔、91孔、192孔等15个孔，其他孔以这些孔为厚度中心向四周变薄。

12~16m，粉砂质泥分布范围较广，厚度主要集中在2.0~3.0m，粉砂质泥厚度大于3.0m的孔减少，主要以177孔、174孔、158孔、185孔等为厚度中心向四周变薄。

16~20m，该段粉砂质泥分布范围较广，厚度变大，厚度大于3.0m的孔有91孔、205孔、173孔等37个孔，其他孔以这些孔为厚度中心向四周变薄。

20~24m，该段粉砂质泥分布范围变小，主要在徒骇河北部发育，西部零星发育，该段主要以90孔、91孔、173孔、174孔、181孔等14个粉砂质泥厚度大于3.0m的孔为厚度中心，向四周变薄。

4. 泥

通过商河地区沉积物垂向分布特征的研究可知，泥在区内含量较少，只有少部分孔位可见到（图3.22）。

0~4m，泥分布较少，零星发育，83孔、94孔、110孔等8个孔厚度大于2m。

4~8m，泥分布较少，厚度大于3m的有75孔、86孔、160孔、180孔。

8~12m，泥分布较4~8m段增多，主要集中在中部，厚度大于3m的有7个孔。

12~16m，泥分布较广，厚度较薄，主要为1~2m，大于3m的有7个孔。

16~20m，泥分布较少，只在部分地区零星发育，93孔、94孔附近较富集。

20~24m，泥分布较少，厚度变薄，只在部分孔位零星发育。

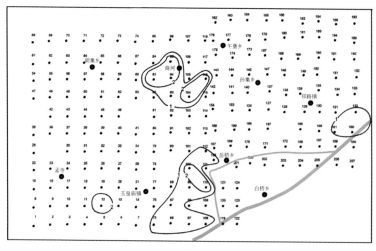

(a)

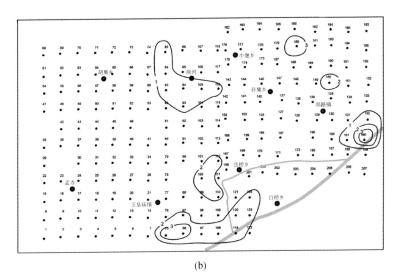

(b)

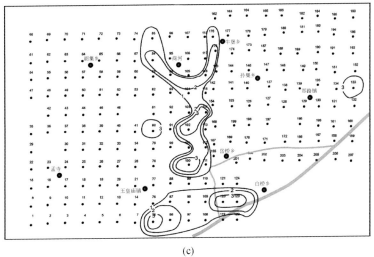

(c)

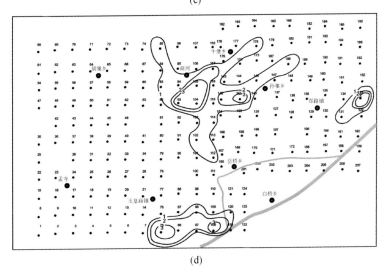

(d)

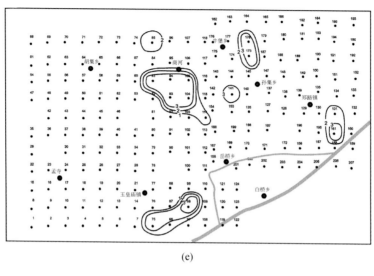

(e)

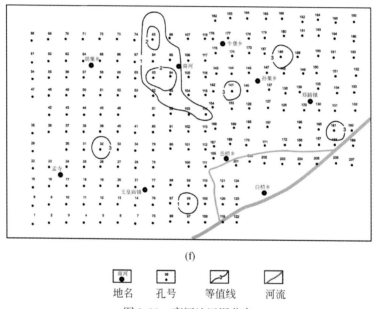

(f)

图 3.22　商河地区泥分布

（a）0~4m；（b）4~8m；（c）8~12m；（d）12~16m；（e）16~20m；（f）20~24m

　　泥在区内属于河漫湖泊及河漫沼泽沉积物，因此泥的分布，反映了河漫湖泊及河漫沼泽的分布特征。

3.3.2　临南地区浅层沉积物分布规律

　　临南地区共有静力触探点 80 多个，探测深度均为 24m。通过实际对比可知，静力触探识别的岩性与钻孔取心沉积物岩性有良好的对应关系。需指出的是，本书使用的静力触探能够识别出粒度最粗的岩性为粉砂，而实际钻孔取心得到的沉积物粒度最粗的为中细砂，所以将该地区静力触探识别出的 20m 以下粉砂校正为中细砂。

根据惠民凹陷临南地区第四纪浅层静力触探解释及取心孔岩性特征分析，可以得出临南地区发育的各类沉积物在平面上的展布特征。本书以 4m 为厚度单位对沉积物平面展布特征进行分析。

粉砂的平面分布如图 3.23 所示；泥质粉砂的平面分布如图 3.24 所示；粉砂质泥的平面分布如图 3.25 所示；泥的平面分布如图 3.26 所示。

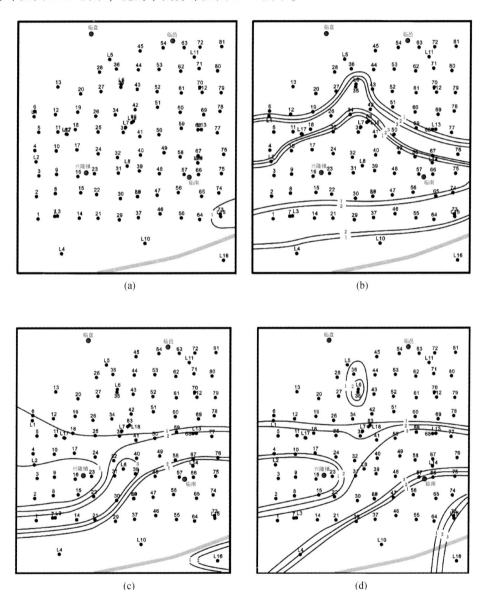

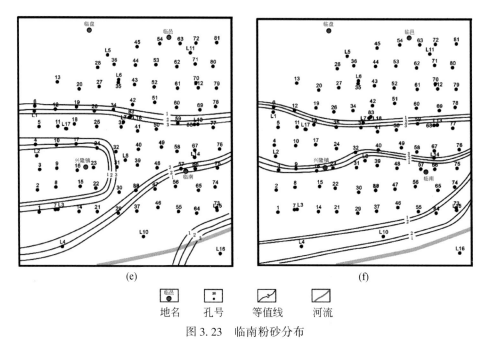

(e)　　　　　　　　　　　　　　　(f)

地名	孔号	等值线	河流

图 3.23　临南粉砂分布

（a）0～4m；（b）4～8m；（c）8～12m；（d）12～16m；（e）16～20m；（f）20～24m

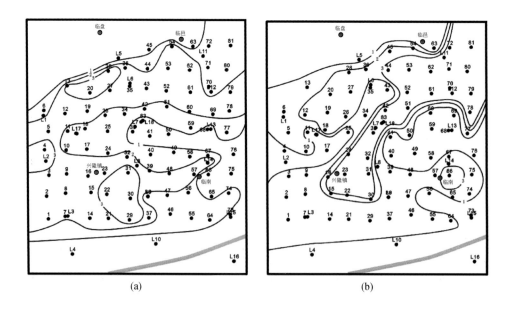

(a)　　　　　　　　　　　　　　　(b)

图 3.24 临南泥质粉砂分布

（a）0～4m；（b）4～8m；（c）8～12m；（d）12～16m；（e）16～20m；（f）20～24m

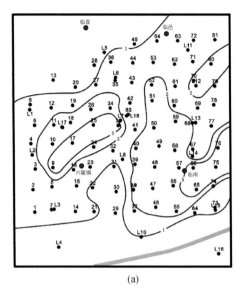

(a)

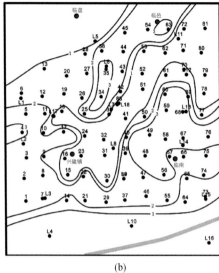

(b)

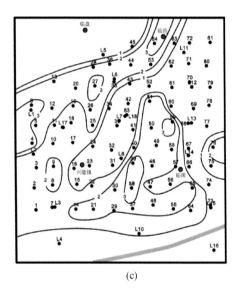

(c)

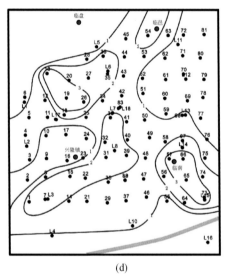

(d)

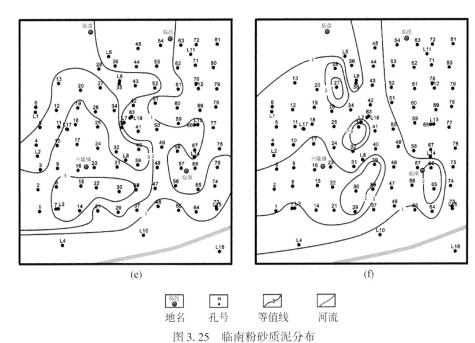

(e)　　　　　　　　　　　　(f)

图 3.25　临南粉砂质泥分布

(a) 0~4m；(b) 4~8m；(c) 8~12m；(d) 12~16m；(e) 16~20m；(f) 20~24m

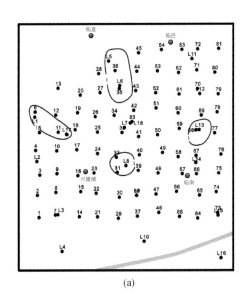

(a)

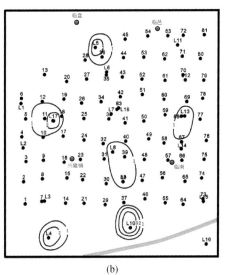

(b)

图 3.26 临南泥分布

(a) 0~4m; (b) 4~8m; (c) 8~12m; (d) 12~16m; (e) 16~20m; (f) 20~24m

第4章 沾化凹陷浅层沉积物特征研究

通过岩心描述、镜下鉴定及粒度测试等手段，证实沾化凹陷的沉积物类型包括中砂、细砂、粉砂、泥质粉砂、粉砂质泥、泥，以及贝壳层、钙质结核、盐酸盐岩矿物等类型。动力岩性探测识别出三角洲相为沾化凹陷的主要沉积相类型，另外还包括潮坪相和浅海相等沉积类型。

4.1 沾化凹陷浅层沉积物的岩性特征

义东地区、五号桩地区内共有14个有效钻孔，岩心总长度约313.5m，通过对该区钻孔样品的描述、镜下鉴定及粒度测试等手段，总结出沾化凹陷的主要岩性类型有细砂、粉砂、泥质粉砂、粉砂质泥及泥（图4.1）。

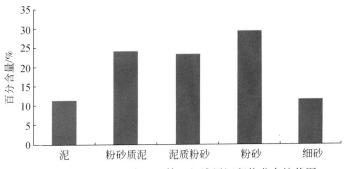

图4.1 沾化凹陷义东地区第四纪浅层沉积物分布柱状图

4.1.1 细砂

义东地区、五号桩地区细砂含量较少，总长约36.4m，在沉积物中占11.61%，分布在研究层位的下部，约19m以下，其颜色为黄褐色，颗粒较粗，石英、长石等颗粒肉眼可见[图4.2（a）]。通过镜下薄片鉴定，石英含量相对较少，为30%～40%，长石含量相对较高，为30%～50%，岩屑含量为20%～40%，可见燧石等颗粒，分选普遍较好，磨圆中等，长石多蚀变[图4.2（b）]。颗粒含量高，粗组分多，主要分布在100～200μm[图4.2（c）～（e）]。静力触探取值范围，锥尖阻力q_c>6MPa，摩阻比n为1%～2%[图4.2（f）]。

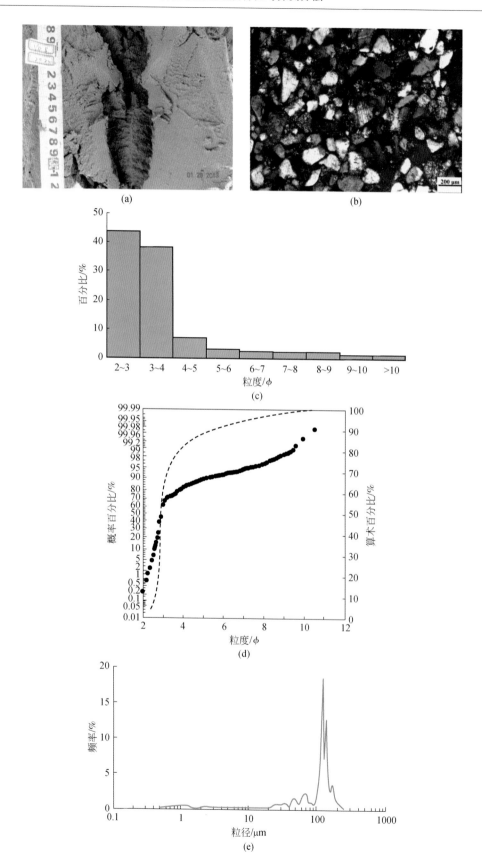

(a)

(b)

(c)

(d)

(e)

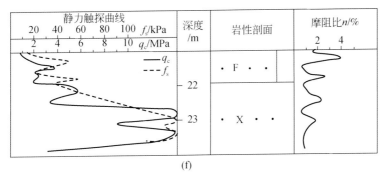

(f)

图 4.2　义东地区浅层细砂特征

（a）黄褐色，YD8 孔，20.2m；（b）细砂，YD8 孔，20.2m（+）；（c）粒度直方图，YD8 孔，20.2m；
（d）粒度概率累计曲线，YD8 孔，20.0m；（e）粒度频率曲线，YD8 孔，20.2m；
（f）静力触探取值范围，YD2 孔，22.0 ~ 24.0m

4.1.2　粉砂

　　义东地区、五号桩地区粉砂含量最高，总长 92.5m，占沉积物的 29.50%，分布广泛，在所有钻孔中均有发育。钻孔上部和底部的粉砂呈黄褐色、棕黄色［图 4.3（a）］，中部粉砂多呈灰色、灰黑色，部分含有贝壳层、碎片，分选磨圆均较差。通过薄片观察分析得出，以 YD4 孔 5.7m 为例，石英含量为 40%，含量较少，多为次棱角状，可见波状消光和石英次生加大结构，其余矿物成分难辨，杂基含量高［图 4.3（b）］。粒径分布主要集中在 20 ~ 100μm［图 4.3（c）~（e）］，静力触探取值范围，锥尖阻力 q_c 为 2 ~ 15MPa，摩阻比 n 为 1% ~ 2.5%［图 4.3（f）］。

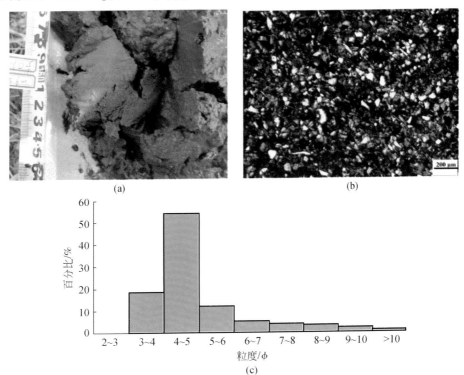

(a)　　　　　　　　　　　　　　　　　(b)

(c)

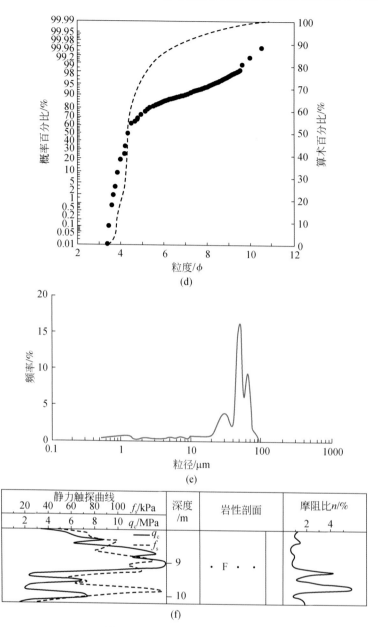

图 4.3　义东地区浅层粉砂特征

（a）黄褐色粉砂，YD4 孔，5.6m；（b）粉砂，YD4 孔，5.7m（+）；（c）粒度直方图，YD4 孔，5.7m；

（d）粒度概率累计曲线，YD4 孔，5.7m；（e）粒度频率曲线，YD4 孔，5.7m；

（f）静力触探取值范围，YD5 孔，8.0～10.0m

4.1.3　泥质粉砂

义东地区、五号桩地区泥质粉砂含量相对较高，总长 73.8m，占沉积物的 23.54%，分布广泛，在所有钻孔中均有发育。与粉砂相似，钻孔上部和底部的泥质粉砂多呈黄褐色、棕黄色，中部多呈灰色、灰黑色，部分含有贝壳碎片，底部少量泥质粉砂含有钙质结核 [图4.4（a）]。由于颗粒细小，镜下矿物成分难辨，只有石英和部分长石可辨，杂基含量高 [图4.4（b）]。粒径分布集中在 $10 \sim 100 \mu m$，粗粒部分总体含量较低 [图4.4（c）～（e）]。静力触探取值范围，锥尖阻力 q_c 为 $1 \sim 5 MPa$，摩阻比 n 为 $1\% \sim 3\%$ [图4.4（f）]。

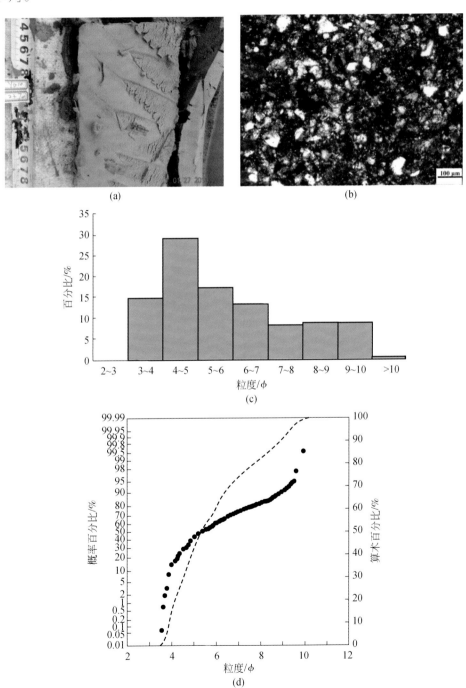

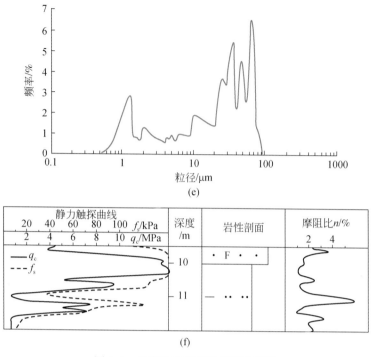

（f）

图 4.4　义东地区浅层泥质粉砂特征

（a）黄褐色泥质粉砂，含钙质结核，YD10 孔，23.7m；（b）泥质粉砂，YD2 孔，9.1m（+）；

（c）粒度直方图，YD2 孔，9.1m；（d）粒度概率累计曲线，YD2 孔，9.1m；

（e）粒度频率曲线，YD2 孔，9.1m；（f）静力触探取值范围，YD14 孔，10.0 ~ 12.0m

4.1.4　粉砂质泥

义东地区、五号桩地区粉砂质泥含量相对较高，总长 75.2m，占沉积物的 23.98%，含量与泥质粉砂相似，分布广泛。以灰色、灰黑色居多，部分为黄褐色 ［图 4.5 （a）］。镜下成分难辨 ［图 4.5 （b）］。粒径分布集中在 1 ~ 10μm ［图 4.5 （c） ~ （e）］。静力触探取值范围，锥尖阻力 q_c 为 0.5 ~ 2MPa，摩阻比 n 为 1.5% ~ 3.5% ［图 4.5 （f）］。

（a）   （b）

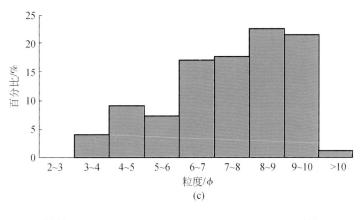

(c)

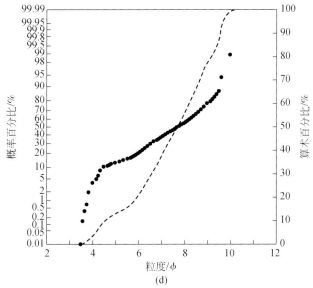

(d)

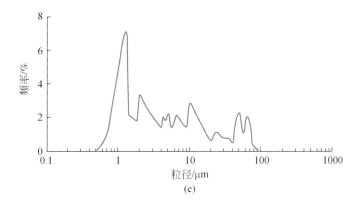

(e)

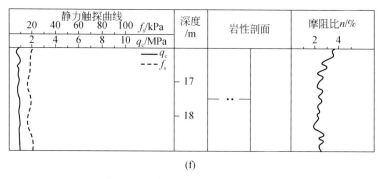

(f)

图 4.5　义东地区浅层粉砂质泥特征

（a）灰黑色粉砂质泥，YD9 孔，5.5m；（b）粉砂质泥，YD9 孔，5.5m（+）；
（c）粒度直方图，YD9 孔，5.5m；（d）粒度概率累计曲线，YD9 孔，5.5m；
（e）粒度频率曲线，YD9 孔，5.5m；（f）静力触探取值范围，YD9 孔，16.0～19.0m

4.1.5　泥

泥在义东地区的分布较少，总长 35.6m，占沉积物的 11.35%，分布较局限，多集中在东北部钻孔的中段，如 YD12 孔、YD13 孔等。黄褐色和灰黑色均有发育［图 4.6（a）、（b）］。粒径分布集中在 1～10μm，最大颗粒粒径约 30μm ［图 4.6（c）～（e）］。静力触探取值范围，锥尖阻力 q_c 为 0.4～1MPa，摩阻比 n<3%［图 4.6（f）］。

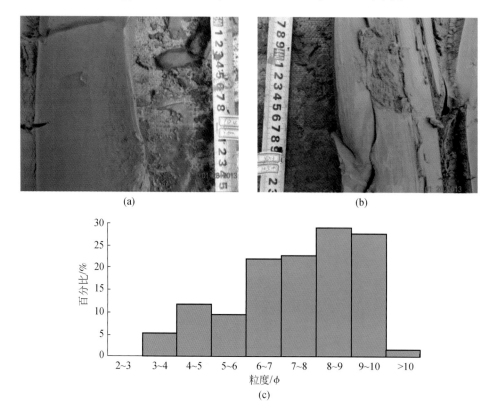

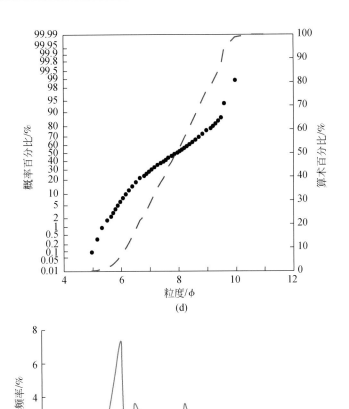

(d)

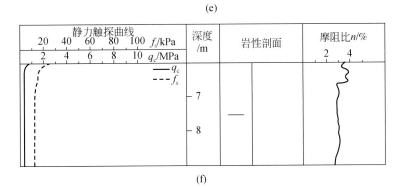

(e)

静力触探曲线			深度 /m	岩性剖面	摩阻比 n/%	
20 40 60 80 100 f_s/kPa					2 4	
2 4 6 8 10 q_c/MPa						

(f)

图 4.6　义东地区浅层泥特征

（a）棕黄色泥，YD12 孔，9.0m；（b）黄褐色泥，YD13 孔，10.5m；（c）粒度直方图，YD12 孔，9.0m；
（d）粒度概率累计曲线，YD12 孔，9.0m；（e）粒度频率曲线，YD12 孔，9.0m；
（f）静力触探取值范围，YD12 孔，6.0~9.0m

4.1.6　贝壳层

义东地区普遍发育两套贝壳层，深度分别为 5～7m 和 18～20m，多为双壳类和腹足类，多破碎，少量较完整，直径最大可达 3cm，少数钻孔的中部也发育贝壳层［图 4.7（a）、(b)］。贝壳层多形成于潮坪相或滨岸相，是海陆状态稳定时的产物，可指示地质历史时期的海岸线位置（王强等，2007）。贝壳层中贝壳碎片直径大小不等，导致成分复杂，因此利用静力触探有效识别贝壳层存在较大困难，个别贝壳层被误判为细砂或粉砂。

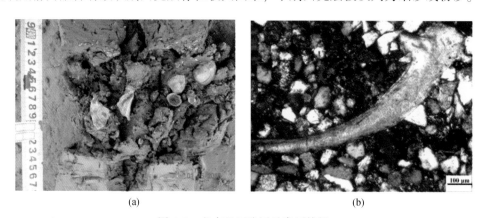

(a)　　　　　　　　　　　　　　(b)

图 4.7　义东地区浅层贝壳层特征

（a）贝壳层，YD8 孔，18.0m；(b) 双壳类贝壳切面，YD6 孔，13.3m（+）

4.1.7　钙质结核

义东地区发育少量钙质结核，多集中在钻孔下部的粉砂或泥质粉砂中，直径为 0.5～3.0cm，含量较少［图 4.8（a）、(b)］。沉积物中的钙质在地下水或地表水的淋滤下产生富集，可形成钙质结核，在陆相河湖相沉积中，多见于河漫滩等。

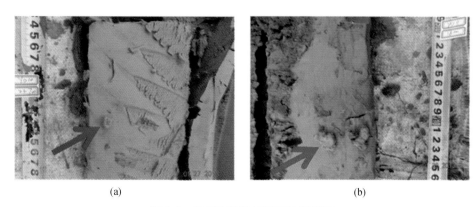

(a)　　　　　　　　　　　　　　(b)

图 4.8　义东地区浅层钙质结核特征

（a）钙质结核，YD10 孔，23.7m；(b) 钙质结核，YD11 孔，18.0m

4.2　沾化凹陷浅层沉积物的沉积相特征

沾化凹陷义东地区、五号桩地区都是位于现今黄河三角洲地区，靠近渤海，晚更新世晚期以来的海平面升降和黄河河道迁移形成了复杂的沉积特征。

4.2.1　三角洲相

在地层划分对比、钻孔沉积相分析的基础上，结合晚更新世晚期以来的古环境变化，沾化凹陷晚更新世晚期以来依次发育陆相河流相（与惠民凹陷河流相沉积特征相仿）、潮坪相、浅海相、潮坪相（兼有滨岸相特征）、三角洲相5个沉积单元，沉积相带的界限与地层划分的界限基本一致（图4.9）。

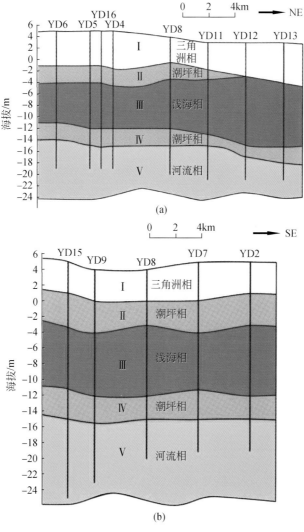

图 4.9　义东地区垂向沉积演化
（a）北东方向；（b）南西方向

1. 第五单元——陆相河流相

形成于晚更新世晚期至早全新世早期，约 12.0～9.0ka B. P. ，气候温凉偏干，气温较现今低，海平面低于现今 30～50m；沉积物岩性主要为黄褐色细砂和粉砂，粒度最粗，集中在 3φ～4φ，细粒沉积物中发育钙质结核，沉积构造不明显，见明显的正韵律特征；古生物含量较少，多为腹足类及再沉积的双壳类和有孔虫，孢粉组合是草原植物花粉优势带，草本植物以蒿和番蒲占优，木本植物以桦、栎居多，沉积物中石英含量较低，长石和碳酸盐岩矿物含量相对较高。根据沉积相类型、沉积物特征和发育的地质历史时期判断，该沉积单元为鲁北第四纪第三期古河道北东方向的延伸。

2. 第四单元——潮坪相

潮坪相的发育主要取决于两个因素：一是沉积物的供应量；二是潮汐作用。晚更新世晚期至早全新世早期，黄河等鲁北的河流将大量沉积物搬运至沾化地区，渤海地区波浪作用弱，潮汐作用强，现今潮差 0.5～4.0m，辽东湾和渤海湾最大可达 5.0m（秦蕴珊，1985），因此沉积物供应量丰富、潮差大，具备形成潮坪沉积的地质条件。直至现今，渤海沿岸仍是中国潮坪的主要分布区（王颖，1990）。

第四沉积单元形成于早全新世晚期，约 9.5～8.0ka B. P. ，古气候温凉湿润，年平均古气温约 14.58℃，海平面升高；沉积物岩性以灰黑色、黑色的泥、粉砂质泥为主，出现贝壳层，泥炭发育，整体粒度最细，组成分散，在 4φ～10φ 均有分布，可见明显的生物钻孔和脉状层理，相序不明显；古生物呈现海陆过渡相，如轮藻、腹足类、*Quinqueloculina* sp. （五玦虫）、*Alocoponcythere* sp. 等均有出现，孢粉为松栎混交林草原植被花粉优势带，草本植物中蒿减少，木本植物中出现大量松，沉积物中黏土含量高，尤以伊蒙混层居多。

3. 第三单元——浅海相

浅海与滨海以浪基面为界，开阔海域因风的吹程大，波浪的波长较长，浪基面在 20～40m 深度，湖泊中浪基面通常为 5～10m。渤海为内海，处于辽东半岛和山东半岛的半封闭状态，风的吹程小，浪高小，浪基面较开阔海小得多。全新世渤海格局与现今相似，因此在全新世 24m 地层内即可形成浅海相地层。

第三单元形成于中全新世，约 8.0～3.0ka B. P. ，古气候温暖湿润，年古气温为 14.83～15.03℃，海平面进一步升高，较现今高 4～5m；沉积物较复杂，颜色以灰黑色、黑色为主，粉砂、泥质粉砂、粉砂质泥和泥均有发育，粒度较细，组成较分散，3φ～10φ 均有分布，沉积构造和相序均不明显；微体古生物丰度高、分异度大，如 *Pistocythereis* sp. （纯艳花介属）、*Neomonoceratina* sp. （新单角介）、*Alocoponcythere* sp. （沟眼花介属）、*Ammonia* sp. （卷转虫）、*Spiroloculina* sp. （抱环虫）、*Elphidium* sp. （希望虫）、*Quinqueloculina* sp. （五玦虫）、*Sinocytheridea* sp. （中华美花介）等均有发育，孢粉组合为阔叶林滨岸草原花粉优势带，木本植物以栎占优势，草本以蒿、藜为主，沉积物中绿泥石含量高、碳酸盐岩矿物含量低。

4. 第二单元——潮坪相

潮坪相形成于晚全新世早期，约 3.0~1.8ka B.P.，古气候温凉湿润，年平均古气温约 13.88℃，海平面比中全新世降低，比现今高 2~3m；沉积物以灰黑色、黑色的粉砂、泥质粉砂为主，出现贝壳层，可见泥炭，粒度较第四单元粗，集中在 2ϕ~1ϕ~9ϕ，沉积构造和相序不明显；古生物也呈现海陆过渡相，轮藻、腹足类、*Ilyocypris* sp.（土星介）、*Quinqueloculina* sp.（五玦虫）等均有发育，孢粉组合类似于第四沉积单元，沉积物中石英和绿泥石含量高。

5. 第一单元——三角洲相

三角洲相形成于晚全新世后期，即黄河自苏北改道鲁北的 1855 年至今，是现代黄河形成的三角洲，气候温凉偏干，年平均气温 12.42℃，海平面即现今的水平；沉积物以黄褐色、棕黄色的粉砂、泥质粉砂、粉砂质泥为主，粒度组成集中在 4ϕ~6ϕ，沉积构造不发育，可见反韵律；样品中未检出微体古生物，孢粉组合以草本划分为主，其中蒿和藜占绝对优势，沉积物中矿物组合类似现代黄河沉积物的矿物组合，碳酸盐岩矿物含量高。

沾化凹陷义和庄地区浅层沉积演化见表 4.1。

表 4.1　义东地区浅层沉积演化（测年、古气温和孢粉资料据鲜本忠，2004）

沉积单元	第五单元——陆相河湖相	第四单元——潮坪相	第三单元——浅海相	第二单元——潮坪相	第一单元——三角洲相
沉积时期	晚更新世晚期至早全新世早期	早全新世晚期	中全新世	晚全新世早期	晚全新世后期
测年/ka B.P.	约 12.0~9.0	约 9.5~8.0	约 8.0~3.0	3.0~1.8	1855a 至今
古气候	温凉偏干	温凉潮湿	温暖湿润	温凉潮湿	温凉偏干
古气温（年平均值气温）	较现今低，无具体资料	14.58℃	14.83~15.03℃	13.88℃	12.42℃
海平面	低于现今 30~50m	较早全新世早期升高	进一步升高，较现今高 4~5m	较中全新世降低，比现今高 2~3m	现今水平
沉积物岩性	黄褐色细砂，含钙核，岩性较粗	灰黑色、黑色的泥、粉砂质泥，出现贝壳层，泥炭发育	岩性较复杂，灰黑色、黑色的粉砂、泥质粉砂、粉砂质泥、泥	灰黑色、黑色的粉砂、泥质粉砂，出现贝壳层，可见泥炭	黄褐色、棕黄色的粉砂、泥质粉砂、粉砂质泥
粒度组成	最粗，集中在 3ϕ~4ϕ	组成较分散，在 4ϕ~10ϕ 均有分布	粒度较细，组成较分散，3ϕ~10ϕ 均有分布	较粗，集中在 2ϕ~1ϕ~9ϕ	集中在 4ϕ~6ϕ
沉积构造	不明显	脉状层理（压扁层理）	不明显	不明显	不明显
相序	正序	不明显	不明显	不明显	可见反序，不明显

沉积单元	第五单元——陆相河湖相	第四单元——潮坪相	第三单元——浅海相	第二单元——潮坪相	第一单元——三角洲相
古生物	含量较少，多为腹足类，以及再沉积的双壳类和有孔虫，检测样品中未检出微体古生物	呈海陆过渡相，轮藻、腹足类、*Quinqueloculina* sp.（五块虫）、*Alocoponcythere* sp.（沟眼花介属）等	微体古生物丰度高、分异度大，*Pistocythereis* sp.（纯艳花介属）、*Neomonoceratina* sp.（新单角介）、*Alocoponcythere* sp.（沟眼花介属）、*Ammonia* sp.（卷转虫）、*Spiroloculina* sp.（抱环虫）、*Elphidium* sp.（希望虫）、*Quinqueloculina* sp.（五块虫）、*Sinocytheridea* sp.（中华美花介）	呈海陆过渡相，轮藻、腹足类、*Ilyocypris* sp.（土星介）、*Quinqueloculina* sp.（五块虫）	样品未检出微古
孢粉	草原植物花粉优势带，草本植物以蒿和香蒲占优，木本植物以桦、栎居多	松栎混交林草原植被花粉优势带，草本植物中蒿减少，木本植物中出现大量松	阔叶林滨岸草原花粉优势带，木本植物以栎占优势，草本以蒿、藜为主	类似于第四沉积单元	以草本花粉为主，其中蒿和藜占绝对优势
矿物组合	石英含量低，长石和碳酸盐岩矿物含量高	黏土矿物含量高，尤以伊蒙混层居多	绿泥石含量高、碳酸盐岩矿物含量低	石英和绿泥石含量高	类似于现代黄河沉积物的矿物组合，碳酸盐岩矿物含量高

4.2.2　三角洲相

三角洲相是沾化凹陷浅层分布最广泛的沉积相类型，黄河三角洲现代沉积中发育了丰富的沉积构造类型，反映其沉积环境和沉积过程的复杂多样性。沾化凹陷的沉积模式与尾闾河道的发育规律密切相关，无论河流尾闾在何时何地入海，分流河道都要经历如下的演变过程：改道初期，主流散乱，河口拦门砂星罗棋布，泥砂主要沉积在陆上和滨海地带，三角洲造陆速度最快；中期的单一顺直河道，河口砂嘴突出于岸外，有利于束水攻沙，扩散到外海的泥沙数量明显增加；晚期弯曲性河型纵比降很小，排泄水沙能力极低，河道摆动很不稳定，一遇河床壅塞就发生决口改道，到新河口入海。

三角洲相主要发育在表层，即现代黄河三角洲，沉积物主要为黄褐色、棕黄色的粉砂和泥质粉砂（图4.10）。

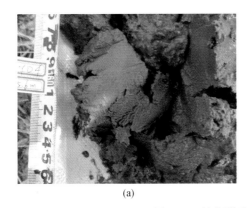

(a)   (b)

图 4.10　济阳拗陷浅层三角洲相沉积

（a）三角洲分流河道，黄褐色粉砂，YD4 孔，5.6m；（b）三角洲分流河道，黄褐色粉砂和泥质粉砂，鸣翠湖剖面

1. 三角洲沉积相划分

1）三角洲平原亚相

三角洲平原指从第一个分流点算起到当时海岸线略呈三角形的广阔地区。主要包括三角洲平原分流河道、废弃河道充填、天然堤、决口扇、河间泛滥平原、沼泽和分流间湾等微相沉积环境。

三角洲平原相在黄河三角洲体系中发育最好，是由多种亚环境组合起来的复合相。

2）三角洲前缘亚相

三角洲前缘是河流与海洋作用最活动的地带，是三角洲体系中沉积速度最快，沉积砂最纯，含重矿物最多的浅水环境，是水下三角洲的主要组成部分。河流冲积物的建设作用，使海岸线不断向海淤进，三角洲前缘砂逐渐超覆在前三角洲粉砂质淤泥相之上，形成沉积物由下而上变粗的海退层序。

黄河三角洲前缘沉积物，主要是粒径为 0.125～0.025mm 的细砂至粗粉砂粒级，黏土和有机质以淤泥形式沉积在河口砂嘴外缘回流区、河间浅海湾和潮间带上部。

3）三角洲侧缘和前三角洲亚相

前三角洲位于 12～18m 的水深范围内，坡度小于 0.1°；河口侧部水深 0～12m 处为三角洲侧缘（烂泥湾），坡度平缓，小于 0.1°，无明显坡度变化。

2. 垂向序列模式及特征

现代黄河三角洲是由 10 个叶瓣组成的，因此，黄河三角洲的垂向序列，基本上就是单个叶瓣的垂向序列。不同之处是在三角洲内，各个叶瓣的边缘部分叠覆，形成复合序列。

1）河口沙坝型垂向序列

各期叶瓣的河口沙坝中心，是河口沙坝厚度最大的部位，具有相同的垂向序列。基底为浅海沉积，其上为 1~3m 的前三角洲的红褐色黏土质粉砂沉积；然后远端沙坝的红褐色黏土质粉砂与黄色粉砂互层沉积；接着是河口沙坝主体，厚 12~15m 的黄色粉砂-极细砂，顶部是 0~5m 各期叶瓣的河道沉积，由黄色粉砂、红褐色黏土质粉砂组成（图4.11）。

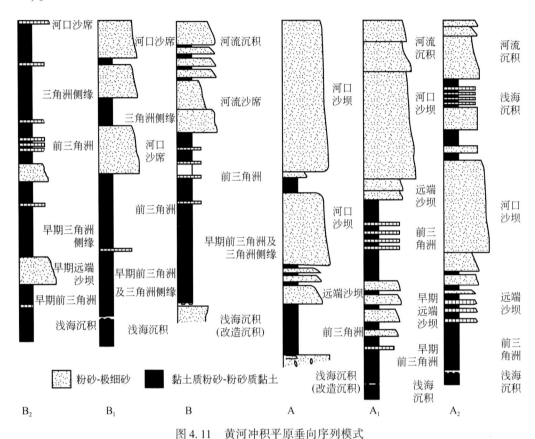

图 4.11　黄河冲积平原垂向序列模式

A. 河口沙坝型：A₁. 河口沙坝-早期远端沙坝型，A₂. 受改造的河口沙坝型；B. 河口沙席-三角洲侧缘型；

B₁. 河口沙席-三角洲侧缘-沙席型，B₂. 三角洲侧缘-前缘型

2）河口沙席-三角洲侧缘型垂向序列

河口沙席-三角洲侧缘型垂向序列的基底多为浅海沉积，部分为早期短源河流沉积；其上为早期三角洲侧缘和前三角洲的红褐色黏土质粉砂，厚度为 5~10m，随后是沉积间断面，沉积间断面上常有一层几十厘米（很少超过 1m）的灰色浅海黏土质粉砂沉积，富含海相微体生物壳，有时为一薄层极细砂-粗粉砂，相当于改造沉积，在这层之上，是新叶瓣的前三角洲沉积，黏土质粉砂，厚度为 1~2m；其上是河口沙席，以粗粉砂为主，厚 4~6m，顶部为河道沉积（图 4.12）。

这种类型的垂向序列模式以黄河冲积平原北部的 86C5 孔为代表。该孔下部是第 5 叶瓣（1926~1929 年）和第 8 叶瓣（1953~1960 年）的三角洲侧缘沉积；上部是第 9 叶瓣（1964~1971 年）的河口沙席沉积。

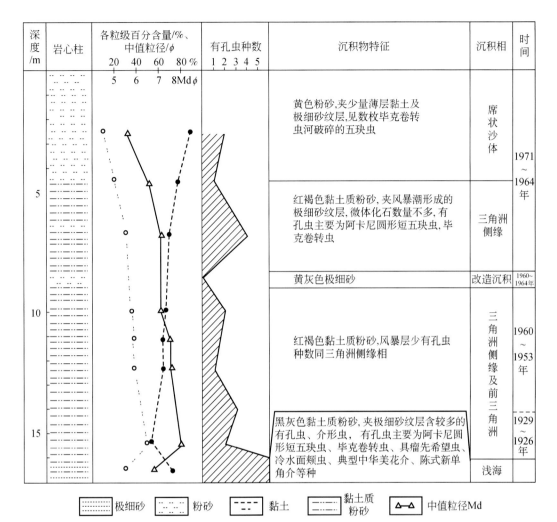

图 4.12　黄河冲积平原河口沙席–三角洲侧缘型垂向序列

3）复合型垂向序列

（1）河口沙坝型垂向序列之下，有早期沉积的远端沙坝和前三角洲沉积。早期远端沙坝沉积厚度不一，有时缺失。早期的沉积物一般埋深在 –10m 以下，其叠置出现在早期叶瓣的末端，因而常常是两个亚三角洲叶瓣的相互叠加。

（2）河口沙坝型垂向序列的上部有改造沉积。改造沉积常常表现为韵律层发育的滨海相沉积，一般在 0 ～ –4m 标高。它是受蚀退作用改造的河口沙坝型序列。

（3）河口沙席–三角洲侧缘垂向序列中的沙席，夹有厚度超过 0.5m 的黏土质粉砂层，反映了河口的侧向迁移。

（4）三角洲侧缘–前缘垂向序列中沙席极不发育，因而自基底到地表整个岩心柱基本上都为黏土质粉砂，中间夹极薄层粉砂层。这种垂向序列出现在两个相邻叶瓣之间，动力环境非常弱。

三角洲垂向序列的空间变化，在纵、横剖面上可明显看到（图 4.13，图 4.14）。

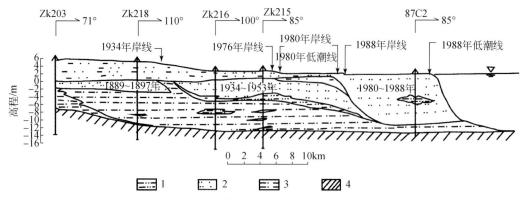

图 4.13 黄河冲积平原某纵剖面图

1. 河流沉积（黏土质粉砂）; 2. 河口砂体（包括沙席、沙坝和远端沙坝）沉积（粉砂）;

3. 三角洲侧缘-前三角洲沉积（粉砂质黏土及黏土质粉砂）;

4. 浅海沉积（粉砂质黏土）

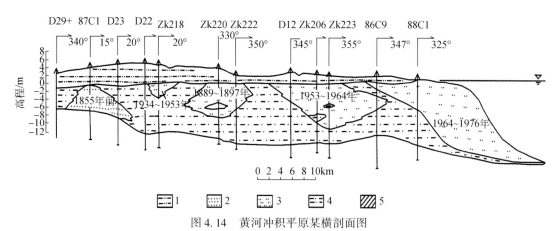

图 4.14 黄河冲积平原某横剖面图

1. 河流沉积（黏土质粉砂）; 2. 短源河流沉积（粗粉砂~极细砂）; 3. 河口砂体（沙席、沙坝、远端沙坝）

沉积（粉砂）; 4. 三角洲侧缘-前三角洲沉积（粉砂质黏土及黏土质粉砂）;

5. 浅海沉积（粉砂质黏土）

4.2.3 潮坪相

潮坪相形成于中全新世的海侵，在靠近渤海的沾化凹陷义东地区和东营凹陷草桥地区都有发育，其中尤以义东地区最为发育，沉积物主要为深灰色、灰黑色的泥、粉砂质泥、泥质粉砂，并发育大量泥炭层，沉积物中含有大量的有孔虫、介形虫和双壳类、腹足类化石，沉积构造发育，如脉状层理等（图 4.15）。

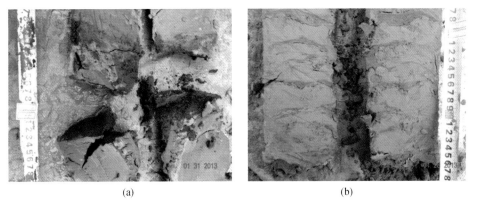

（a）　　　　　　　　　　　　　　（b）

图 4.15　济阳拗陷浅层潮坪相沉积

（a）泥炭层，YD16 孔，19.8m；（b）脉状层理，YD12 孔，14.7m

4.2.4　浅海相

浅海相地层也形成于中全新世的海侵，浅海相地层常与潮坪相地层叠置，在沾化凹陷的义东地区最为发育，沉积物主要为灰黑色、黑色的泥质粉砂、粉砂质泥等为主，粒度相对较细（图 4.16）。

（a）　　　　　　　　　　　　　　（b）

图 4.16　济阳拗陷浅层浅海相沉积

（a）灰黑色泥质粉砂，YD2 孔，14.1m；（b）黑色粉砂，YD7 孔，15.4m

4.3　典型探区（义东地区）的浅层沉积物分布规律

1. 细砂分布特征

通过义东地区的沉积物垂向分布特征可以看出，区内 16～24m 普遍分布有细砂 [图 4.17（a）]，且 20～24m 厚度内细砂分布更广泛 [图 4.17（a）]。

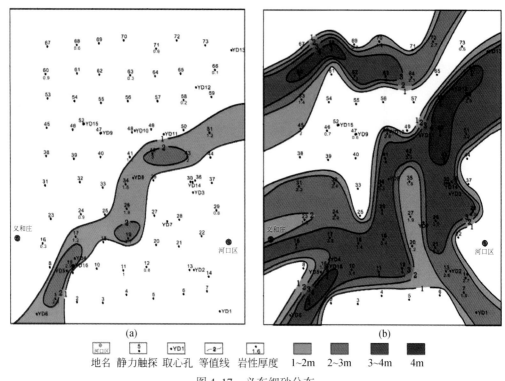

图 4.17　义东细砂分布

（a）16～20m；（b）20～24m

0～4m，细砂不发育，无细砂分布。

4～8m，细砂不发育，无细砂分布。

8～12m，细砂不发育，无细砂分布。

12～16m，细砂不发育，无细砂分布。

16～20m，细砂整体呈带状分布，北东方向，主要分布 1～2m 厚的细砂。

20～24m，与 16～20m 段相比，细砂在该段分布范围明显变大，分布更广，厚度范围在 3～4m 的居多，且 1 孔、4 孔、43 孔、50 孔、58 孔、66 孔、60 孔、68 孔的细砂厚度达到了 4m，厚度超过 3m 的孔明显增多，分布没有规律性，整体厚度比 16～20m 段大得多。

2. 粉砂分布特征

从沉积物垂向特征可以看出，粉砂在区内 0～24m 均有分布且分布广泛（图 4.18）。

0～4m，粉砂分布范围较广，大规模发育，厚度大于 3m 的有 16 个孔，以 61 孔、43 孔、49 孔、50 孔、38 孔、39 孔、5 孔、12 孔、8 孔、17 孔等为厚度沉积中心，2～3m 内厚度的粉砂分布最多。

4～8m，砂体分布较 0～4m 段分布范围变小，由图 4.18 可以看出，其中 67 孔、53 孔、58 孔、18 孔、4 孔的粉砂厚度超过 3m，形成厚度中心，在河口地区往北部分地区内没有分布，粉砂厚度在 1～2m 内的分布最广。

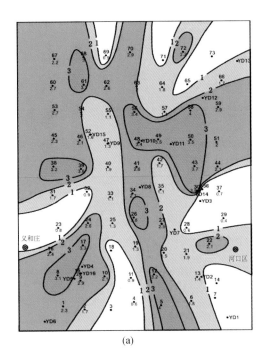

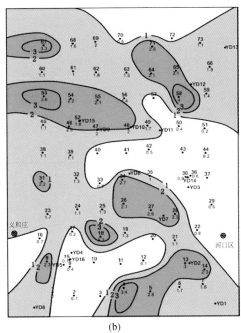

(a)　　　　　　　　　　　　　　　　　　　　(b)

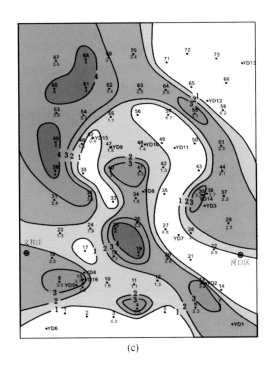

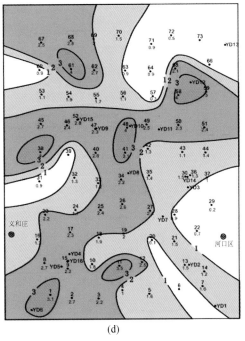

(c)　　　　　　　　　　　　　　　　　　　　(d)

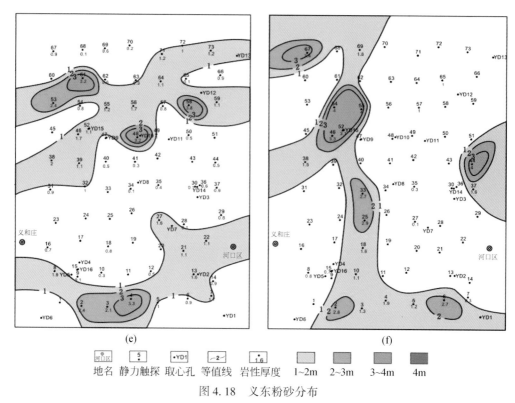

(e)　　　　　　　　　　　　　　　　　　(f)

地名　静力触探　取心孔　等值线　岩性厚度　1~2m　2~3m　3~4m　4m

图 4.18　义东粉砂分布

（a）0~4m；（b）4~8m；（c）8~12m；（d）12~16m；（e）16~20m；（f）20~24m

8~12m，砂体分布较 4~8m 段分布范围变小，但 60 孔、61 孔、68 孔、38 孔、45 孔、19 孔、25 孔的粉砂厚度超过了 4m，以此向四周逐渐变薄，3~4m 厚度的粉砂范围变大，粉砂超过 3m 的有 20 个孔，形成以 19 孔、25 孔、40 孔、41 孔、38 孔、45 孔、53 孔、54 孔、60 孔、61 孔、62 孔、67 孔、68 孔、8 孔、15 孔等为厚度沉积中心。

12~16m，与 8~12m 段相比，粉砂分布范围变广，厚度超过 3m 的有 11 个孔，以 61 孔、58 孔、41 孔、48 孔、38 孔、1 孔、11 孔等为厚度沉积中心，向四周逐渐变薄。

16~20m，与 12~16m 段相比，粉砂分布范围明显减少，厚度超过 3m 的有 5 个孔，以 4 孔、48 孔、58 孔、64 孔等为厚度沉降中心，形成了北东方向的展布。

20~24m，从图 4.18 可以看出，与 16~20m 段相比，粉砂分布范围变少，以 44 孔、46 孔、52 孔、54 孔、55 孔、67 孔等为厚度沉积中心，主要分布在西部地区，东部以 44 孔为沉降中心，范围不大。

3. 泥质粉砂分布特征

通过义东地区的沉积物垂向分布特征可知，泥质粉砂在区内普遍存在，分布范围较广（图 4.19）。

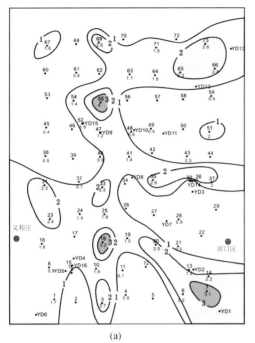

(a)

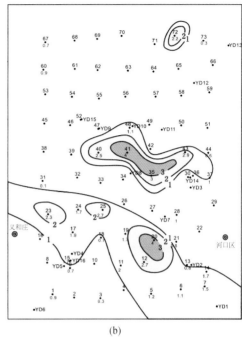

(b)

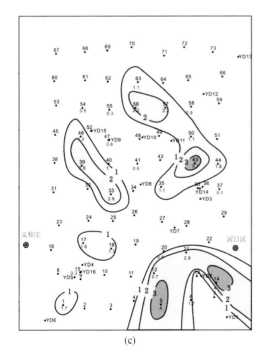

(c)

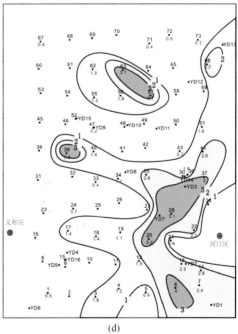

(d)

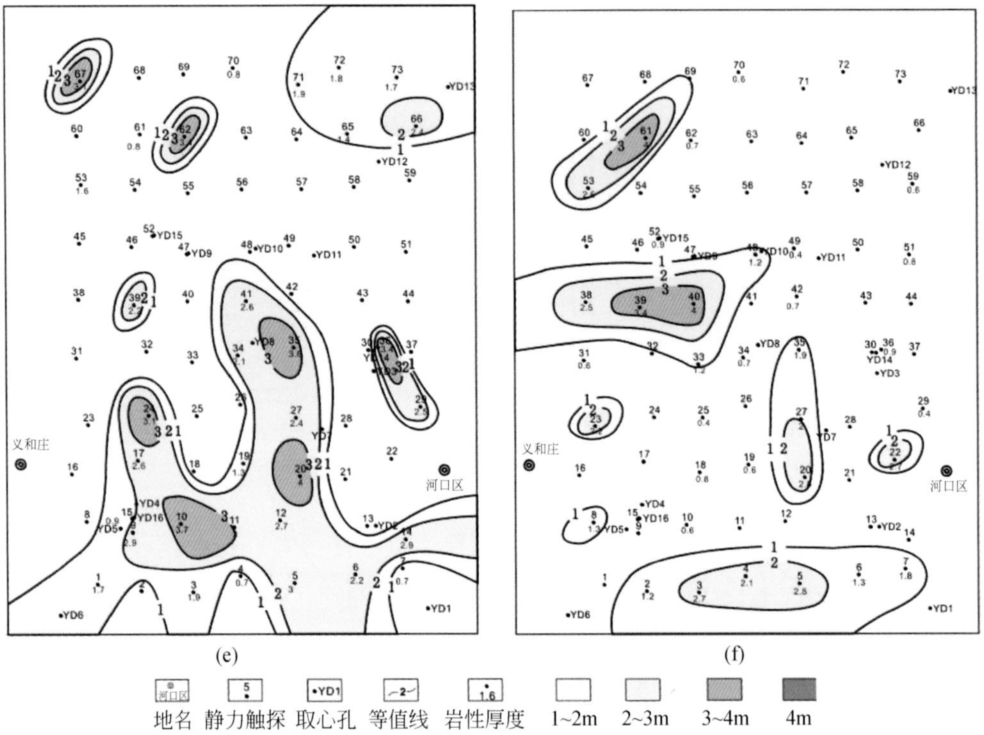
义和庄
河口区
(e)
(f)
地名
静力触探
取心孔
等值线
岩性厚度
1~2m
2~3m
3~4m
4m

图 4.19　义东泥质粉砂分布

(a) 0 ~ 4m; (b) 4 ~ 8m; (c) 8 ~ 12m; (d) 12 ~ 16m; (e) 16 ~ 20m; (f) 20 ~ 24m

0 ~ 4m，泥质粉砂分布范围较广，厚度在 1 ~ 2m 范围内的孔居多，泥质粉砂厚度大于 3m 的有 3 个孔，其他孔以这些孔为厚度沉积中心。

4 ~ 8m，与 0 ~ 4m 段相比，分布范围明显变小，主要分布在中南部地区，北部以 72 孔为厚度沉积中心，呈西北方向分布。

8 ~ 12m，与 4 ~ 8m 段相比，泥质粉砂分布范围变小，分布位置有所变化，厚度大于 3m 的有 3 个孔，以 5 孔、14 孔、43 孔为厚度沉积中心，向四周逐渐变薄，呈北西方向分布。

12 ~ 16m，与 8 ~ 12m 段相比，泥质粉砂分布范围更广，在本段更为发育，主要分布在中东地区，西部以 39 孔为沉积中心。其中泥质粉砂厚度超过 3m 的有 7 个孔，以 6 孔、20 孔、28 孔、39 孔、57 孔、63 孔等为厚度沉积中心，向四周逐渐变薄。

16 ~ 20m，与 12 ~ 16m 段相比，泥质粉砂厚度在 2 ~ 3m 范围内的分布范围变广，泥质粉砂厚度超过 3m 的有 7 个孔，以 10 孔、20 孔、24 孔、35 孔、36 孔、62 孔、67 孔为厚度沉积中心，向周围厚度逐渐变小，在该段分布范围内规律性不明显。

20 ~ 24m，与 16 ~ 20m 段相比，泥质粉砂分布范围变小，厚度超过 3m 的有 3 个孔，以 39 孔、40 孔、61 孔为厚度沉积中心，整体呈带状分布，1 ~ 2m 厚度的泥质粉砂分布范围最广。

4. 粉砂质泥分布特征

通过区内的沉积物垂向分布特征可以看出，粉砂质泥在各段都有分布，分布范围较广（图 4.20）。

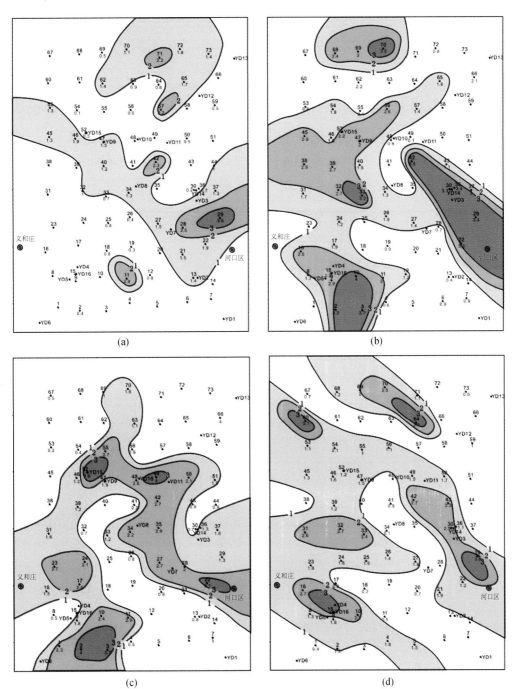

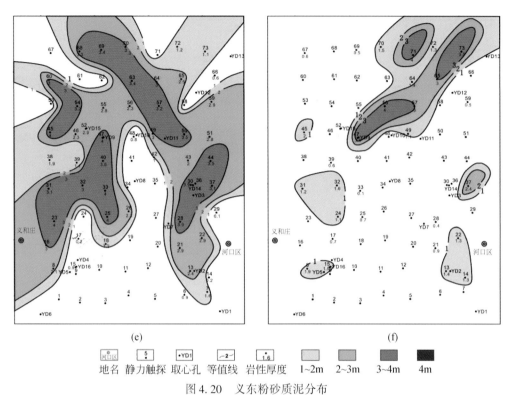

(e)　　　　　　　　　　　　　　　　(f)

地名　静力触探　取心孔　等值线　岩性厚度　1~2m　2~3m　3~4m　4m

图 4.20　义东粉砂质泥分布

(a) 0~4m;　(b) 4~8m;　(c) 8~12m;　(d) 12~16m;　(e) 16~20m;　(f) 20~24m

0~4m，粉砂质泥分布广泛，大规模发育，在中部呈带状分布，厚度大于 3m 的有 1 个孔，以 29 孔为主要厚度沉积中心，向四周逐渐变薄，1~2m 厚度的粉砂质泥分布最广。

4~8m，与 0~4m 段相比，粉砂质泥分布范围明显变广，也更发育，厚度超过 3m 的粉砂质泥分布广，共 10 个孔，以 2 孔、3 孔、33 孔、22 孔、29 孔、30 孔、36 孔、70 孔等为厚度沉积中心，在区内普遍发育，整体上形成东部沉积厚，西部沉积薄的特点。

8~12m，粉砂质泥大规模发育，分布规律性不强，厚度大于 3m 的孔位减少，仅有 5 个孔，以 2 孔、3 孔、22 孔、49 孔、52 孔为厚度沉积中心，向四周逐渐变薄。

12~16m，与 8~12m 段相比，粉砂质泥分布范围变广，更发育，整体呈条带状分布，北西方向展布，1~2m 厚度分布最广，厚度超过 3m 的有 4 个孔，以 15 孔、29 孔、60 孔、64 孔为厚度沉积中心，向四周逐渐变薄。

16~20m，粉砂质泥分布范围更广，相应厚度也变大，在区内普遍分布，厚度大于 3m 的有 23 个孔，主要分布在中间位置，形成了以 23 孔、25 孔、31 孔、32 孔、33 孔、40 孔、28 孔、30 孔、36 孔、37 孔、44 孔、69 孔、68 孔、63 孔、57 孔、50 孔等为厚度沉积中心，并向四周逐渐变薄。

20~24m，与 16~20m 段相比，粉砂质泥分布范围明显变小，主要分布在东北地区，在 31 孔、32 孔、8 孔、15 孔、37 孔、22 孔、13 孔、14 孔等也有分布，但规模小厚度浅，厚度大于 3m 的有 5 个孔，以 47 孔、56 孔、57 孔、73 孔、71 孔为厚度沉积中心，呈条带状分布。

5. 泥

通过区内的沉积物垂向分布特征看出，泥在 0～16m 阶段都有发育，但分布不大（图 4.21）。

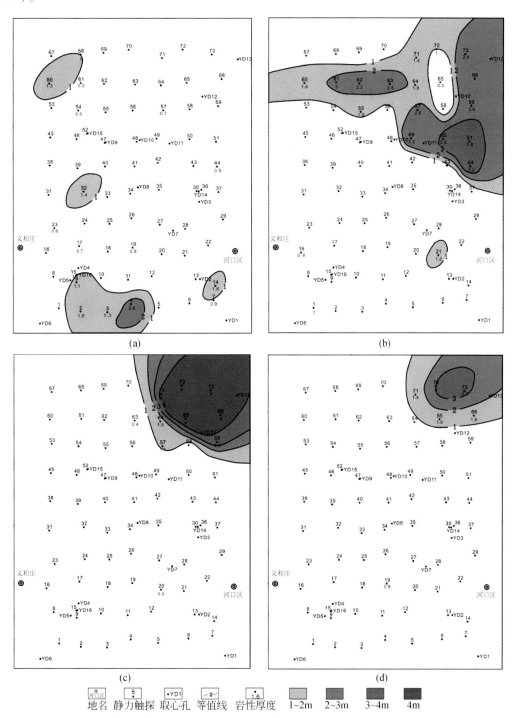

图 4.21　义东泥分布

（a）0～4m；（b）4～8m；（c）8～12m；（d）12～16m

0 ~ 4m，泥分布不广，在 2 孔、3 孔、4 孔、14 孔、32 孔、60 孔等零星分布，范围不大，主要是 1 ~ 2m 厚度的泥，且在 4 孔厚度达到 2m。

4 ~ 8m，与 0 ~ 4m 段相比，分布范围明显更广，厚度更大，主要分布在北部地区，在 21 孔也有分布，但范围小，厚度超过 3m 的有 3 个孔，以 44 孔、50 孔、51 孔为主要厚度沉积中心，向四周逐渐变薄。

8 ~ 12m，泥主要分布在东北地区，与 4 ~ 8m 段相比厚度明显增大，在 65 孔、66 孔、71 孔、72 孔、73 孔等厚度达到了 4m，且以这些孔为厚度沉积中心，向四周逐渐变薄。

12 ~ 16m，与 8 ~ 12m 段相比，泥分布范围略小，主要分布在东北方向，厚度超过 3m 的有 2 个孔，以 72 孔、73 孔为厚度沉积中心，向四周变薄。

第5章 济阳拗陷浅层精细建模及吸收衰减分析

5.1 济阳拗陷浅层精细建模

5.1.1 东营凹陷浅层精细建模

通过分析东营凹陷高 94 地区第四纪浅层沉积物在垂向和平面上的分布特征，结合野外地质剖面调查，总结出高 94 地区从南到北第四纪浅层沉积相从风成沉积→风成沉积与河流沉积的混合相带→河流相。根据野外剖面、静力触探资料及 15 个取心钻孔对比建立了东营凹陷高 94 地区岩性模型及沉积结构模型（图 5.1，图 5.2）。

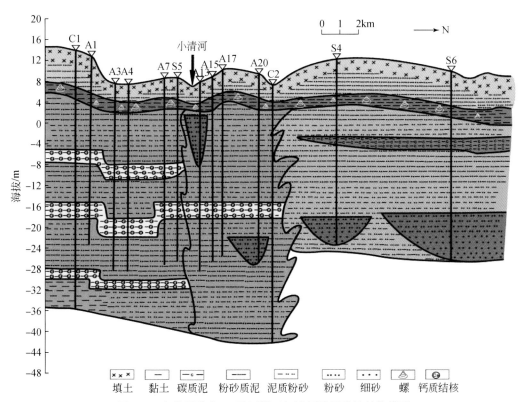

图 5.1 东营凹陷高 94 地区第四纪浅层地层岩性结构模型

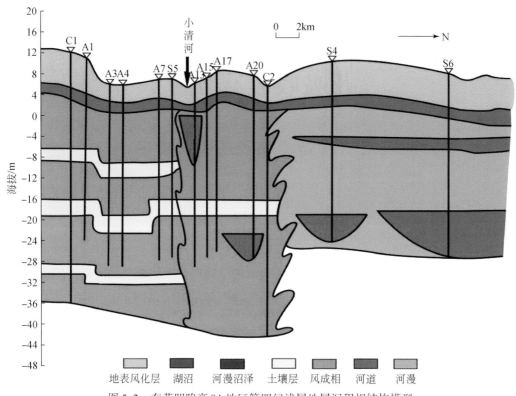

图 5.2　东营凹陷高 94 地区第四纪浅层地层沉积相结构模型

　　从模型中可以看出，东营凹陷南斜坡表层以下 6m 左右均为风化沉积物，岩性主要为填土和粉砂质泥；自下发育了大约 1m 厚的湖沼沉积物，岩性为暗色泥，富含螺；湖沼沉积层之下，以小清河为界，其南面主要发育了风成沉积物及土壤层，其中风成沉积物岩性主要为泥质粉砂和粉砂质泥，土壤层发育有三套，岩性主要是泥，且含有大量钙质结核。

　　小清河以北，至 C2 孔与 S4 孔之间为风成相与河流相的过渡区域，在湖沼沉积层之下，发育了风成沉积物，岩性主要为泥质粉砂和粉砂质泥，同样发育了一套土壤层，岩性为泥，富含钙质结核；且在 A13 孔和 A20 孔处发育了河道，岩性为粉砂。小清河以北 C2 孔与 S4 孔之间的界线到 S6 孔，湖沼沉积层之下，发育了河漫滩沉积，岩性为泥质粉砂和粉砂质泥，此外还发育了河漫沼泽，其岩性为碳质暗色泥；往下发育了河道沉积，岩性为粉砂和细砂。

　　综上所述，东营凹陷南斜坡第四纪浅层地层的沉积结构由南到北依次为风成沉积相，以风成黄土为主，夹有古土壤层，岩性主要为泥质粉砂、粉砂质泥和泥，泥质粉砂和泥中含有大量钙质结核；跨越小清河 12km 左右为风成沉积与河流沉积的混合相带，岩性以泥质粉砂和粉砂质泥为主，含有少量泥和粉砂，也含有少量钙质结核；再往北变为河流相沉积，岩性主要为粉砂和细砂，也有少量泥质粉砂和粉砂质泥，夹有薄层泥。风成沉积物较为疏松，渗透性好，水分很容易渗透到深层的含水层，因此小清河以南潜水面较深，而河流相沉积物较风成沉积物致密，水分保存较好，使得小清河以北潜水面变浅；潜水面深度的多少有助于指导地震勘探炮井深度和炸药量的选取，更具油气勘探的实践意义。

通过分析东营凹陷草桥地区第四纪浅层沉积物在垂向和平面上的分布特征，建立了东营凹陷草桥地区岩性模型及沉积结构模型（图 5.3）。认为该区沉积演化特征将该区激发层的选择分为三部分：北部海陆交互作用区、南部风成黄土沉积区、中间过渡区。

北部海陆交互作用区，地表 12m 以下存在一期古河道岩性激发，且下部是海侵沉积层，受岩性变化频繁及贝壳层的影响不利于激发层的选择。在第一海侵层之下 10～12m 内岩性较均一，以粉砂质泥和泥质粉砂为主，建议选择为激发层位。

南部风成黄土沉积区，14m 以上存在多层钙质结核层不利于激发层的选择。16m 以下发育多期古河道岩性较粗，以粉砂为主，岩性变化比较频繁不利于激发层的选择。建议选择地表以下 14～16m 泥质粉砂层为激发层位。

中间过渡区，是海侵层向陆反向的过渡区域，上部发育两层螺化石层岩性变化比较频繁，底部发育献县海侵层岩性较粗不利于激发。鉴于此，建议选择地表以下中间部位 14～17m 的泥质粉砂层，岩性较均一，且没有钙质结核及螺化石层的影响，是比较理想的激发层位。

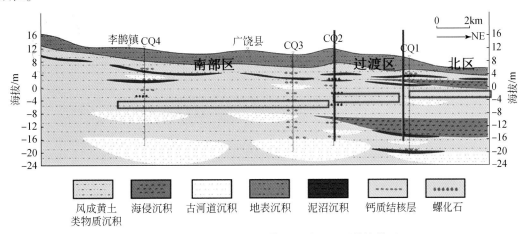

图 5.3　东营凹陷草桥地区第四纪浅层地层结构模型

图 5.4、图 5.5 是结合东营凹陷胜北地区及高青地区的多个取心孔，建立的东营凹陷连片第四纪浅层地层岩性结构模型及沉积相结构模型。由于胜北地区的两次海侵形成的富含贝壳碎屑的贝壳层及海相层位，可见大量的贝壳碎屑，剖面底部连片的砂体，说明该剖面方向与古河道展布方向一致。胜北地区的两套海侵层深度分别为 7～8m 和 12～15.5m，沉积物多含贝壳碎屑，质地疏松；18m 以下发育第三期古河道，沉积物以砂质为主。而 16～18m 大致为第二期和第三期古河道交界处，沉积时气候转暖，海平面上升，河流水动力条件较弱，沉积物以泥质为主，较致密。

总体来说，东营凹陷南斜坡属于风成相沉积。风成沉积物中无水的参与，胶结通常比较差，岩性疏松，具有很强的渗透性。尤其是在垂向剖面上，风成沉积物的渗透性很强。从整个区域看，风成黄土沉积厚度自西北向东南方向逐渐加大，局部地区存在差异。例

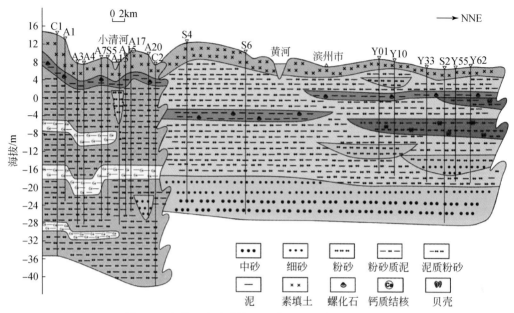

图 5.4　东营凹陷连片第四纪浅层地层岩性结构模型

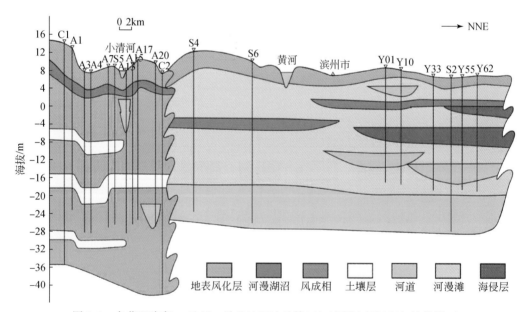

图 5.5　东营凹陷高 94 地区、胜北地区连片第四纪浅层地层沉积相结构模型

如，高青地区小清河南部及北部 12km 以内为风成相沉积，小清河北部 12km 以外为河流相沉积。

风成黄土以风为搬运动力，形成于干旱或半干旱的气候条件下，颗粒含量高且分选好，质地疏松，垂直节理尤其发育，具有孔隙度高、透水性强的特点，地下水不易赋存其中；而河流相沉积物以水为搬运介质，颗粒分选差，孔隙度低，透水性差，地下水能赋存其中。地震勘探时，在含水少、岩性疏松的激发层中，炸药爆炸产生的能量散失快，得到的地震激发效果差；而在含水高的地层中，能量散失慢，激发效果好。所以在相同的激发深度，在北部的单炮记录得到多套连续的同相轴〔图 5.6（a）〕，而南部则无法获得连续的反射信息，信噪比较低〔图 5.6（b）〕，即北部的激发效果明显优于南部。此外，南部黄土中的钙质结核大量发育，能够吸收地震波能量，造成地震反射波在传播时能量大幅衰减，影响地震激发效果。

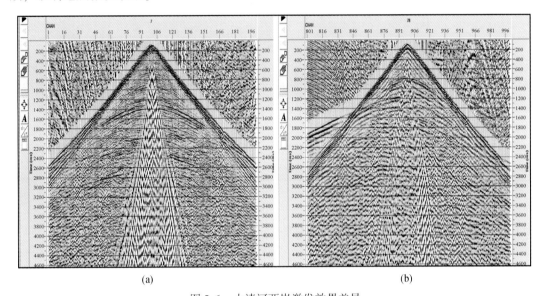

(a)　　　　　　　　　　　　　　　　(b)

图 5.6　小清河两岸激发效果差异

（a）小清河北岸（激发深度 15m）；（b）小清河南岸（激发深度 28m）

为了更好地选择风成黄土区的激发层位，勘探人员发现最好的激发对策是以低降速带底界面变化（图 5.7，图 5.8）为准，井深设计在风成黄土以下激发。在风成黄土中激发时，风成黄土起到了降速带的作用，而且风成黄土厚度较大，会使反射波返回地表时产生

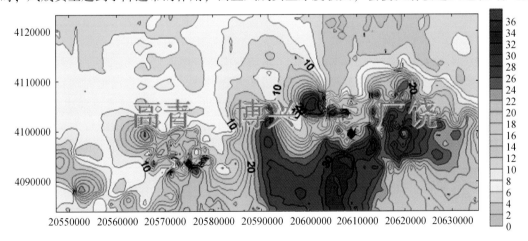

图 5.7　东营凹陷南斜坡低降速带等厚度图

时间上的滞后，产生多次反射波。而在风成黄土上、下激发，多次波都有所减弱，但是相对来说，在风成黄土以下激发，主要目的层能量更强。

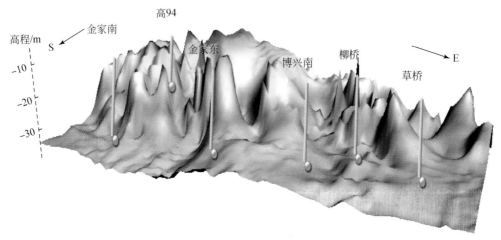

图5.8　东营凹陷南斜坡风成黄土底界面等深度图

5.1.2　惠民凹陷浅层精细建模

惠民凹陷商河地区共有3个取心孔，本节以HS2、HS3两个取心孔为基础，并且结合商河地区静力触探资料，建立商河地区北西-南东向岩性剖面，建立商河地区岩性地质模型和沉积结构模型，从该模型来看，商河地区主要发育中砂、细砂、粉砂、泥质粉砂、粉砂质泥及泥等岩性，泥质粉砂及粉砂质泥在商河地区分布较广，主要为河漫滩沉积的产物；商河地区可见明显的三套砂，且三套砂均表现出下粗上细的结构类型，为河流相的边滩沉积物；区内泥也较为发育，主要为暗色及黄褐色的泥，并且在泥中可见螺化石，属河漫湖泊-沼泽沉积物。

通过取心井及静力触探剖面岩性对比，结合野外剖面观察，总结出商河地区岩性结构模型（图5.9）和沉积相结构模型（图5.10）。从图5.10中可以看出，该地区均为河流相沉积物，并且可以明显地发现三期河道砂，这与前面将古河道划分为三期是一致的，第三期古河道搬运能力强沉积物粒度较粗，底部最粗可达中砂，第二期古河道时期，气候温暖湿润，平原河流普遍沼泽化。从图中可以看出，该时期河漫湖泊及河漫沼泽也比较发育，并且在河漫湖泊中有丰富的螺化石，第一期古河道时期，河漫湖泊-沼泽较为发育，河漫湖泊中可见丰富的螺化石。三期古河道整体上向北西方向迁移，三期古河道的搬运和沉积构成了商河地区表层的沉积体系。

通过对商河沉积物的分布规律进行分析，结合区内3个取心孔的单孔分析及古河道的分布，认为商河地区离地表12m以下，徒骇河和土马河之间宽度约4.5km主要为粉-细砂及少量中砂，不适合激发。土马河以北为河漫沉积的粉砂质泥及泥，粒度较细，适合地震激发。

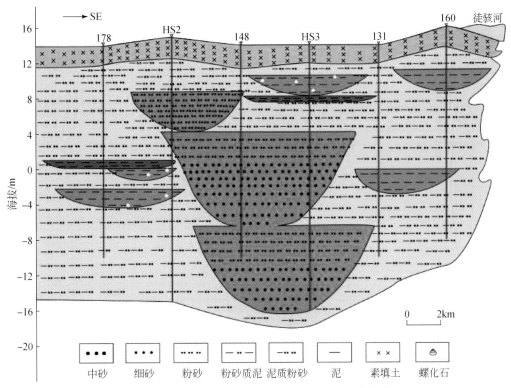

图 5.9　惠民凹陷商河地区第四纪浅层地层岩性结构模型

中砂　细砂　粉砂　粉砂质泥　泥质粉砂　泥　素填土　螺化石

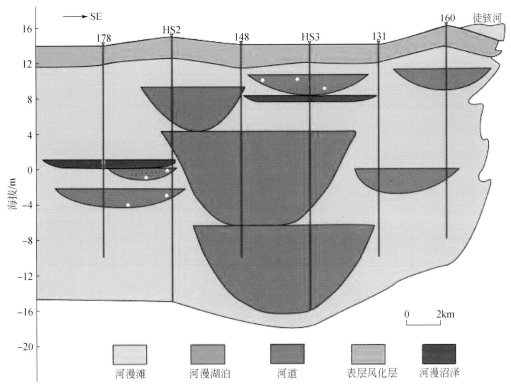

河漫滩　河漫湖泊　河道　表层风化层　河漫沼泽

图 5.10　惠民凹陷商河地区第四纪浅层地层沉积相结构模型

惠民凹陷临南地区共有 15 个取心孔，通过对临南取心孔的岩性对比，建立临南地区浅层地层岩性结构模型（图 5.11）和沉积相结构模型（图 5.12）。从图 5.11 中可以看出，

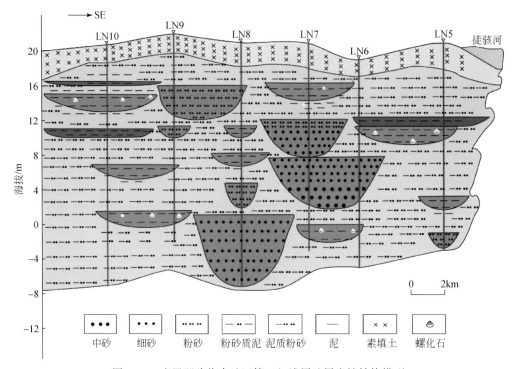

图 5.11　惠民凹陷临南地区第四纪浅层地层岩性结构模型

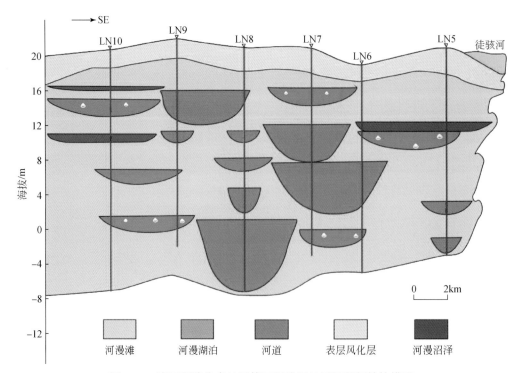

图 5.12　惠民凹陷临南地区第四纪浅层地层沉积相结构模型

区内主要发育中砂、细砂、粉砂、粉砂质泥、泥质粉砂及泥 6 种岩性，泥质粉砂及粉砂质泥在区内分布较广。从图中还可以看出，临南地区泥较为发育，发育多套泥，并且部分泥中可见螺化石，为典型的河漫湖泊沉积物；临南地区发育三套河道砂，并且都表现出下粗上细的正旋回。

从临南地区地质结构模型可以看出，区内均为河流相沉积物，且河漫湖泊较为发育，也可见河漫沼泽沉积，临南地区河道发育特征与商河地区类似，自下而上发育三期河道，整体上三期古河道自下而上先向南东方向迁移，再向北西方向迁移，河道的迁移沉积构成了临南地区的表层地层。

对于惠民凹陷，整体属于河流相沉积。全区都有分布，河流相包括河床亚相和河漫亚相，不同的沉积亚相有其自身的岩性特征。河床亚相的岩性以粉土、粉砂为主，河漫亚相的岩性以粉质黏土和黏土为主。从粉砂沉积厚度来说，自西南向东北方向逐渐变薄。其中，离徒骇河较近的区域，第一期河道砂发育，田口、临南、曲堤及商 102 地区南部粉砂的顶板都维持在 6～10m，而沉积厚度最深可达 20m（图 5.13）。

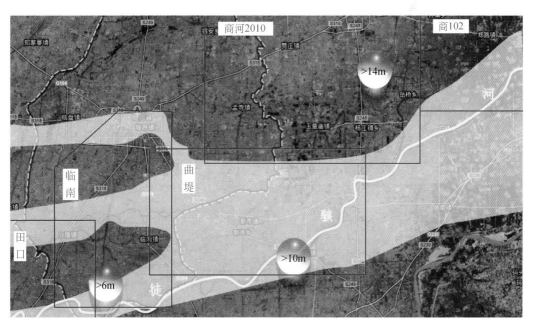

图 5.13　惠民凹陷浅层底层黄河古河道沉积趋势

5.1.3　沾化凹陷的浅层精细建模

通过分析沾化凹陷义东地区第四纪浅层沉积物在垂向和平面上的分布特征，结合野外地质剖面调查，总结出义东地区第四纪浅层垂向的沉积相划分依次为陆相河流相、潮坪相、浅海相、潮坪相、三角洲相五个沉积单元。由于黄河多次改道和决口泛滥，近地表产生了多种微地貌形态，如古河滩高地、缓岗、洼地等。多种微地貌控制着近地表沉积物和能量的分配，地表径流和地下水的活动同样受控于此。

　　沾化凹陷义东地区，乃至整个黄河三角洲地区潜水面深度为 1.0 ~ 1.5m，平均深度小于 3.0m（石迎春，2007），因此该区激发层位的深度主要受沉积物岩性控制。根据区内地层特征、沉积特征、沉积物分布规律以及 13 个取心孔的沉积相特征，绘制了义东地区东西、南北向连井岩性剖面（图 5.14，图 5.15）。第一沉积单元三角洲相主要发育在 0 ~ 5.5m，第二沉积单元潮坪相主要发育在 5.5 ~ 9.0m，第三沉积单元浅海相主要发育在 9.0 ~ 16.0m，其中中下部岩性较细，以粉砂质泥为主，岩性和深度均适宜作为激发层位，第四沉积单元潮坪相主要发育在 16.0 ~ 19.0m，其中上部岩性较细，以粉砂质泥为主，适宜作为激发层位，第五沉积单元河流相主要发育在 19.0 ~ 24.0m，岩性较粗，以细砂和粉砂为主。

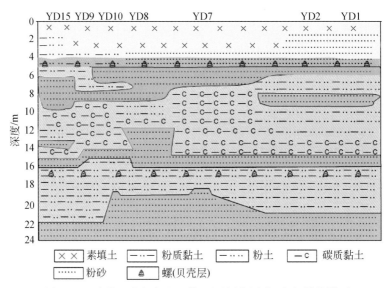

图 5.14　沾化凹陷义东地区第四纪浅层地层沉积相结构模型

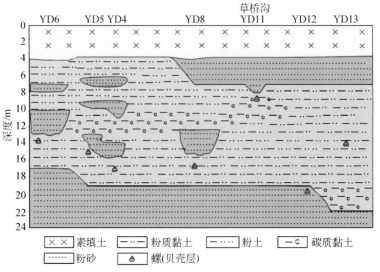

图 5.15　沾化凹陷义东地区第四纪浅层地层沉积相结构模型

通过野外大量的地震记录对比，勘探人员发现 YD8 号点位存在大量的低频炮，从岩性模型中可以清晰地看到，YD8 号点位自上而下分布有多套粉砂层。多套粉砂层应是黄河多次冲刷此地留下的古道所致。由于黄河的多次改道和决口泛滥，河口地区存在颇多的废弃河道和防水堤坝，决口时多次沉积和冲刷，形成了以河床为基础、新老河道纵横交错的复杂近地表结构。

地下 4~17m 为冰期后的海侵时期，大量海水灌入，岩性更多地以还原色为主，很好地证明了这个时期空间封闭，水动力条件弱，河道被堵截和切割，形成了冰期后所特有的地上悬河和邻近的漫滩洼地。这种复杂的微地貌条件是影响土壤中盐分平移的重要因素。其中，在地上悬河两侧的河漫滩以碳色黏土为主，岩性致密，能够承受较多的降水，含水量大，相应的盐分含量也会降低。而像地上悬河这种微高部位，岩性更多的是以粉砂为主，由于不能蓄存降水，再加上河口地区旱季时间较长，蒸发量大，在悬河下层的粉质黏土层，也被带走较多的水分，17m 以下的粉质黏土含水率降低。

5.2 吸收衰减系数的求取方法

除地震波速外，地震品质因数 Q 也是鉴定岩石特性的一个重要参数。于是衰减的计算问题显得更为重要，问题在于能否可靠地计算出 Q 值。目前，品质因子的提取方法有很多，从广义上说计算 Q 值的方法有两大类：时间域法，即在时间域计算 Q 值；频率法，即在频率域中计算 Q 值。本节将介绍用频谱比法、主频偏移法、上升时间法、振幅衰减法、解析信号法来反演模型品质因子的方法原理。

5.2.1 谱模拟频谱比法的基本原理

在实际介质中，平面简谐波的简化式为

$$A(x) = A_0 \cdot \exp\left(-\frac{\pi x}{vQ}f + k\right) \tag{5.1}$$

式中，x 为空间坐标；v 为地震波速度；f 为频率；A_0 为初始振幅；$A(x)$ 为地震波传播了距离 x 后的振幅。对式（5.1）两边取对数有

$$\ln A(x) = \ln A_0 + \left(-\frac{\pi x}{vQ}f\right) + k$$

$$\ln\frac{A(x)}{A_0} = -\frac{\pi x}{vQ}f + k \tag{5.2}$$

由式（5.2）可知，$\ln A(x)$ 与 f 呈线性关系，即地震波的高频成分衰减快。

在实际地震勘探中，炸药爆炸激发地震子波。子波不是简谐波，但可以通过 Fourier 变换将子波分解为许多不同频率简谐波的叠加。根据 Robinson 褶积模型，地震记录 s_t 的形成过程可以写为

$$s_t = \xi_t \times \omega_t + n_t \tag{5.3}$$

式中，ξ_t 为地层反射系数序列；ω_t 为地震子波；n_t 为附加噪声。在频率域相应地有

$$S(\omega) = \Xi(\omega) \cdot W(\omega) + N(\omega) \tag{5.4}$$

　　由于子波的带限性，上述过程决定了地震记录的频谱（振幅谱）也同样呈现出带限的特征，并且带内各频率成分分布不均。在主频附近的频率成分往往占有较大的比重，且信噪比较高；而在带限的边缘处，则恰恰相反。根据这一事实，可以大致地将地震记录的频带分为以下三个部分。

　　（1）有效频带：主频附近谱值较大、信噪比较高的主要频率部分；

　　（2）参考频带：有效频带以外，信噪比较低、信号又很微弱的相对窄小的频率过渡部分；

　　（3）补偿频带：在参考频带以外，已分辨不出有用信号，但可以通过某种方法进行补偿的频率部分，如图 5.16 所示。

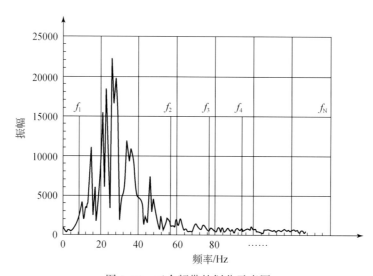

图 5.16　三个频带的划分示意图

　　可以选定 $f_1 \sim f_2$ 为有效频带，$f_2 \sim f_3$ 为参考频带，$0 \sim f_1$ 和 $f_3 \sim f_4$ 为补偿频带，以上三个频带的划分不是绝对的，这不仅与资料本身的质量有关，还与工作人员对资料的掌握程度及处理的目的和手段有关。定义这三个频带主要是为了下一步论述的方便。

　　由于地震记录有噪声的存在，所以其振幅谱极不规则，需要对其频谱进行模拟。然后才能用于计算 Q。

　　谱模拟的基本思想是：在地震有效频带内，信噪比较高，可以借助数学工具，利用某一类型的曲线，将子波的谱近似地从地震记录的谱中拟合出来。这样，剩余的部分就基本上是反射系数的振幅谱了。

　　结合 Ricker 研究工作所取得的一些结论，Rosa 等人在经过多次调查后指出：只要地震子波的谱是光滑的，就可以通过某种数学途径拟合出来。经过试验，选定如下类型的数学表达式：

$$|W(f)| = |f|^k \cdot \exp\left(\sum_{n=0}^{N} a_n f^n \right) \tag{5.5}$$

式中，k 为常数；a_n 为关于 f 的多项式的系数。即要求

$$|W(f)| \rightarrow |Y(f)| \tag{5.6}$$

式中，$|Y(f)|$ 为地震记录的实际振幅谱。

由于不同地震记录的振幅谱形态不一，因而 k 与 N 的取值不能固定。通过试验得出，当 $1<k<3$，$2<N<7$ 时拟合误差较小。若 N 的取值太小，曲线的拟合效果变差；N 的取值太大，计算速度降低，且容易产生溢出。

如果直接令

$$\sum_f (|W(f)|-|Y(f)|)^2 \to \min \tag{5.7}$$

则很难通过求导的方法解出 a_n。为了便于问题的求解，首先对两者取对数，然后要求它们的对数在最小平方误差意义下接近。即令

$$Q_1 = \sum_f (\ln|W(f)| - \ln|Y(f)|)^2 \to \min \tag{5.8}$$

由式（5.5），得

$$\ln|W(f)| = k\ln|f| + \sum_{n=0}^{N} a_n f^n \tag{5.9}$$

代入式（5.8），即

$$Q_1 = \sum_f \left(k\ln|f| + \sum_{n=0}^{N} a_n f^n - \ln|Y(f)|\right)^2 \tag{5.10}$$

令 $X(f) = \ln|Y(f)| - k\ln|f|$，则式（5.10）变为

$$Q_1 = \sum_f \left(\sum_{n=0}^{N} a_n f^n - X(f)\right)^2 \to \min \tag{5.11}$$

这样，问题就变成了利用一多项式曲线去拟合一组数据的问题，可以很方便地通过令 $\frac{\partial Q_1}{\partial a_n}=0$ 求出 a_n（$n=0，1，2，\cdots，N$）。对于确定的 N 和 k，将计算出的 a_n 代入式（5.5）中，就可以得到一条光滑的拟合曲线 $|W(f)|$，此曲线就是我们所认为的子波的振幅谱。

当对参考道和接收道作 Fourier 变换后，再对参考道和接收道振幅谱在有效频带内进行模拟。然后采用最小二乘法公式：

$$\varepsilon = \sum_{i=1}^{N} [\ln A_i(f_i) - (a_0 + a_1 f_i)]^2 \tag{5.12}$$

在此有效频带范围内拟合式（5.2）中直线的斜率，便可以求出 Q 值。

$$Q = -\frac{\pi x}{V a_1} \tag{5.13}$$

式中，x 为参考道与接收道之间的距离；V 为参考道与接收道之间介质的平均速度；a_1 为式（5.2）中拟合直线的斜率。

5.2.2　质心频率偏移法的基本原理

1. 基本原理

实验证实介质的吸收特性是频率的函数，地震波在大地中的传播是一个滤波过程（图 5.17），高频成分比低频成分衰减得快，这就是所谓的大地滤波作用。由于大地滤波作用，

低频部分增加，则中心频率向低频方向移动。Quan 等根据地震波吸收过程中高频成分的吸收快于低频成分的特点，利用频谱中心频率的偏移，进行吸收成像研究。在假设介质的品质因子与频率无关的情况下，中心频率的偏移量与吸收系数对传播路径的积分成比例，通过求取中心频率的偏移，就可以估测介质的吸收系数。

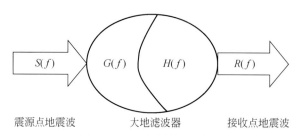

图 5.17 地震波传播示意图

假设地层为线性吸收系统，震源频谱为 $S(f)$，地层响应为 $G(f) H(f)$，那么检测到的地震波谱 $R(f)$ 可以表示为

$$R(f) = G(f) H(f) S(f) \tag{5.14}$$

式中，$H(f)$ 为地层的吸收衰减；$G(f)$ 为几何扩散、散射、震源类型及检波器响应等影响。实验证实，地震波的衰减与频率成正比，则吸收响应 $H(f)$ 可表示为

$$H(f) = \exp\left(-f \int_{\text{ray}} \alpha_0 \, \mathrm{d}l\right) \tag{5.15}$$

式中，积分路径即地震波传播路径，α_0 定义为吸收因子，可表示为

$$\alpha_0 = \frac{\pi}{Qv} \tag{5.16}$$

式中，Q 为介质的品质因子；v 为波速。吸收因子与通常定义的吸收系数 α 的关系为 $\alpha = \alpha_0 f$。定义震源频谱的中心频率 f_S 和方差 σ_S^2 分别为

$$f_S = \frac{\int_0^\infty f S(f) \, \mathrm{d}f}{\int_0^\infty S(f) \, \mathrm{d}f} \tag{5.17}$$

$$\sigma_S^2 = \frac{\int_0^\infty (f - f_S) S(f) \, \mathrm{d}f}{\int_0^\infty S(f) \, \mathrm{d}f} \tag{5.18}$$

同理，接收信号的中心频率 f_R 和方差 σ_R^2 分别为

$$f_R = \frac{\int_0^\infty f R(f) \, \mathrm{d}f}{\int_0^\infty R(f) \, \mathrm{d}f} \tag{5.19}$$

$$\sigma_R^2 = \frac{\int_0^\infty (f - f_R) R(f) \, \mathrm{d}f}{\int_0^\infty R(f) \, \mathrm{d}f} \tag{5.20}$$

假设 G 与 f 无关，震源频谱为高斯分布，即

$$S(f) = \exp\left[-\frac{(f-f_S)^2}{2\sigma_S^2}\right] \tag{5.21}$$

将式（5.15）和式（5.21）代入式（5.14），可以得到接收点的振幅频谱：

$$R(f) = GS(f)H(f) = G\exp\left[-\frac{(f-f_S)^2}{2\sigma_S^2} - f\int_{\mathrm{ray}}a_0\mathrm{d}l\right]$$

$$= G\exp\left[-\frac{f^2 - 2ff_R + f_R^2 + f_d}{2\sigma_S^2}\right]$$

$$= C\exp\left[-\frac{(f-f_R)^2}{2\sigma_S^2}\right] \tag{5.22}$$

这里

$$f_R = f_S - \sigma_S^2\int_{\mathrm{ray}}\alpha_0\mathrm{d}l$$

$$f_d = 2f_S\sigma_S^2\int_{\mathrm{ray}}\alpha_0\mathrm{d}l - \left(\sigma_S^2\int_{\mathrm{ray}}\alpha_0\mathrm{d}l\right)^2$$

$$C = G\exp\left(-\frac{f_d}{2\sigma_S^2}\right)$$

所以，接收点的中心频率 f_R 为

$$f_R = f_S - \sigma_S^2\int_{\mathrm{ray}}a_0\mathrm{d}l \tag{5.23}$$

将式（5.23）写成地震层析成像算法中经常使用的公式：

$$\int_{\mathrm{ray}}a_0\mathrm{d}l = \frac{(f_S - f_R)}{\sigma_S^2} \tag{5.24}$$

在地震勘探中使用的子波一般是雷克子波，可以利用式（5.19）和式（5.20）求雷克子波的中心频率及方差，得到相应的高斯谱（图 5.18），图 5.18 实线为雷克子波谱，

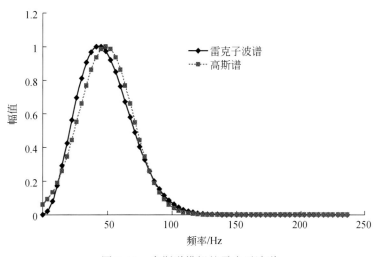

图 5.18　高斯谱模拟的雷克子波谱

峰值频率 $f_g = 45\text{Hz}$，其中心频率 $f_0 = 50.777\text{Hz}$，方差 $\sigma^2 = 459.187$，虚线为高斯谱，可以看出二者相差甚小，因此应用中心频率偏移能够求取地震波的衰减吸收因子。

同理也可以非高斯形态谱（矩形或三角形）的振幅、质心频率在衰减滤波后的结果（图 5.19）。

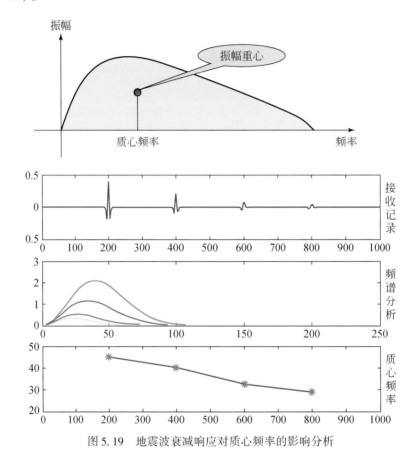

图 5.19　地震波衰减响应对质心频率的影响分析

在地震波传播过程中，子波高频成分衰减得比低频成分快，因此出现了子波频率降低，脉冲增宽的现象，尤其是在近地表层，这种现象表现得更为明显。但是目前人们提出的许多方法的基础是衰减与频率无关的假设，实际情况是，在频散非常严重的黏弹介质中，频率对吸收的影响是不可忽略的。鉴于这种情况，本书通过衰减与频率之间的关系进行衰减估计。

2. Q 值的测定流程

吸收衰减 Q 值反演主要对单井微测井和双井微测井资料进行更进一步的分析，具体流程如图 5.20 所示。

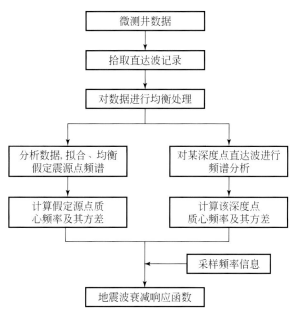

图 5. 20　质心频率偏移法地震衰减响应计算示意图

5.2.3　上升时间法的基本原理

地震波在地下传播的过程中，波长会变长，频率会变低，这些现象被称为脉冲增宽。Gladwin 和 Stacey 提出了一种被称为上升时间原理的经验关系式：

$$\tau = \tau_0 + \frac{C}{Q} \cdot t \tag{5.25}$$

式中，τ_0 与 τ 分别为源点和接收点的初至波形上升时间；t 为走时；C 为常数。上升时间 τ 定义为第一周期的最大振幅与最大斜率的比。

直观的说，是过子波第一周期的最大斜率出现的时间点，用该斜率作一直线，该直线与振幅零线、过波峰的且斜率为零的直线各有一个交点，这两个交点间的时间差即为上升时间 τ。如图 5.21 所示。Kjartansson 从 Q 值恒定理论中导出，当 $Q>20$ 时，C 是常量。然而，Blair 等从实验结果中得出 C 与震源波形有关。式（5.25）显示上升时间与走时之间的关系是线性的，而且这种关系由 Q 值确定。脉冲宽度也可以用作上升时间，在此不做讨论。上升时间原理说明，可以利用上升时间（或脉冲宽度），以及两个观测点之间的走时来获得品质因子。

由式（5.25），有同源相邻两道 j，$j+1$ 的时间延迟原理的离散表达式分别为

$$\tau_j = \tau_0 + \sum_i \frac{1}{Q_i} C_i t_{i,j} \tag{5.26}$$

$$\tau_{j+1} = \tau_0 + \sum_i \frac{1}{Q_i} C_i t_{i,j+1} \tag{5.27}$$

式中，脚标 i，j 分别表示网格和射线；$t_{i,j}$，$t_{i,j+1}$ 由射线追踪计算出来，分别表示射线 j，$j+$

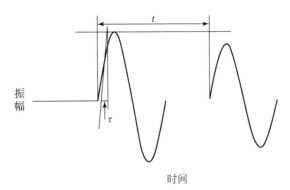

图 5.21　上升时间示意图

1在网格 i 中的走时。无论 C 是常量还是由震源波形而定，式（5.26）和式（5.27）均适用。利用震源波形与黏质介质的传播响应函数计算理论波形，可以获得 C 的值。还可以使用更简单的公式，令 $k_i = \dfrac{C_i}{Q_i}$，有

$$\tau_j - \tau_0 = \sum_i k_i \cdot t_{i,\,j} \tag{5.28}$$

$$\tau_{j+1} - \tau_0 = \sum_i k_i \cdot t_{i,\,j+1} \tag{5.29}$$

式中，k 为增宽因子，无量纲，它是衰减特性在表示上的一种变化。使用 k 的优点是，记录中被限幅的波形也可以用于读取脉冲宽度信息。式（5.28）减去式（5.29），有

$$\tau_j - \tau_{j+1} = \sum_i k_i(t_{i,\,j} - t_{i,\,j+1}) \tag{5.30}$$

　　这种测量方法的优点是，只需要测量时间数据就可以估算衰减系数，而且地震子波的脉冲增宽不受几何扩散、转换损失等因素的影响，时间数据的测量也更稳定。

　　为了消除震源的影响，采用相邻道循环对比的方式，即第 1 道和第 2 道对比，第 2 道和第 3 道对比⋯⋯第 $n-1$ 道和第 n 道对比。每个共炮点道集共有 $n-1$ 个射线对。这样不仅消除了计算过程中的震源影响，而且可以有效地抑制观测误差的传递和积累。

5.2.4　振幅衰减法的基本原理

　　设地震波通过空间两点 x_1 和 x_2 时的振幅分别为 A_1 和 A_2，f 为频率，v 为速度，根据吸收系数和品质因子 Q 的关系，有

$$A_2 = A_1 e^{-\frac{\pi f}{vQ}(x_2 - x_1)} \tag{5.31}$$

由此可求得 Q 的表达式为

$$Q = \frac{\pi f\,(x_2 - x_1)}{v}\left[\ln\left(\frac{A_1}{A_2}\right)\right]^{-1} \tag{5.32}$$

　　在实际计算过程中，对于振幅参数的选取有三种方法：①最大法，即用最大的瞬时振幅计算；②平均法，将子波的每一个采样点分开考虑可得到一系列的 Q，取这些 Q 值的平均值即可；③线性逼近法，就是本节将要介绍的方法。除了地层的非完全弹性吸收外，影

响地震波振幅的其他因素还有很多，如球面扩散等。假设这些因素是与频率无关的未知量，用 $\dfrac{1}{D}$ 表示。式（5.31）可以改写成

$$A_2 = A_1 \frac{1}{D} e^{-\frac{\pi f}{vQ}(x_2 - x_1)} \tag{5.33}$$

两边取对数后得到

$$\ln\left(\frac{A_1}{A_2}\right) = \ln D + \frac{\pi (x_2 - x_1)}{vQ} f \tag{5.34}$$

将式（5.34）看成截距为 $\ln D$，斜率为 $\dfrac{\pi (x_2 - x_1)}{vQ}$ 的线性方程，计算不同频率振幅比的对数，利用最小平方拟合即可得到 Q。它的优点是不需要知道因子 D 的具体数值。这种方法与频谱比法类似。

5.2.5　解析信号法的基本原理

设地震波信号可以由它的瞬时振幅 a 和瞬时相位 ϕ 来表示：

$$x(t) = a(t) \cos[\phi(t)] \tag{5.35}$$

式（5.35）可扩展为

$$z(t) = a(t) \exp[i\phi(t)] = x(t) + iy(t) \tag{5.36}$$

式中，$z(t)$ 为解析信号；$x(t)$，$y(t)$ 为希尔伯特变换对。对解析信号使用希尔伯特变换的表达式，可以导出下列关系式：

$$\frac{1}{Q} = -2 \frac{\mathrm{d}}{\mathrm{d}(\xi/c)}\left[\ln\frac{a(T)}{s(\xi)}\right]\frac{1}{2\pi f(T)} \tag{5.37}$$

式中，ξ 为衰减介质中传播路径的长度；c 为速度；s 为与距离相关的扩散因子；a 为子波内部时间 T 时的瞬时振幅；f 为在 z 波内部时间 T 时的瞬时频率。

对有限层来讲，可以用差分代替微分算子，有

$$\frac{1}{Q} = \frac{2}{2\pi f(T)\, \delta t}\Delta\left[\ln\frac{a(T)}{s}\right] \tag{5.38}$$

$$\ln\left[\frac{a_2(T)}{a_1(T)}\right] = \ln\left(\frac{s_2}{s_1}\right) - \frac{\pi\delta t}{Q}\frac{f_1(T) + f_2(T)}{2} \tag{5.39}$$

式（5.39）中最后一项包括相同的内部时间参考子波的瞬时频率和信号的瞬时频率的平均值。相邻道间 δt 的求取有三种方法，即最大值法、线性近似法和最小二乘逼近法，三种方法实现难度不一，本书选取最简单的一种方法，即最大值法。为了便于计算机实现，选用 Arthur 的近似公式计算瞬时频率：

$$f(t) = \frac{1}{2\pi T}\arctan\left[\frac{x(t)\, y(t+T) - x(t+T)\, y(t)}{x(t)\, x(t+T) + y(t+T)\, y(t)}\right] \tag{5.40}$$

式中，$f(t)$ 为从时间 $t \sim t+T$ 间隔内的平均瞬时频率；$x(t)$，$y(t)$ 分别为地震道和其希尔伯特变换（即虚地震道）。并有

$$a(t) = \sqrt{x^2(t) + y^2(t)} \tag{5.41}$$

本书采取 Arnim B. Haase 等的方法，每次一道，由式（5.36）、式（5.41）求取出最大振幅 $a(t)$ 并记录最大振幅所对应的时间 t_{max}，再从式（5.36）、式（5.40）得出瞬时频率 $f(t)$，取相邻的 4 道，取 5-2-1、5-2-2 道的 $\delta t = t_{max4} - t_{max1}$，$\delta t = t_{max3} - t_{max2}$，二者值不同，但两者以相同的深度为对称点，再由式（5.39）拟合曲线，求出斜率即可得到这一对称点深度处的 Q 值。

5.2.6　模型试算

为了验证以上几种求吸收系数方法的可行性，本节将它们分别应用于所设计的模型中——无噪声一维层状零偏 VSP 模型。

假设震源位于井口，检波器均匀布设在井中，则每个检波器接收到的直达波的传播路径是一条直线，那么可以将上一个检波器接收到的直达波信号作为下一个检波器的输入信号。本书所设计的模型有 6 层，深度为 860m，共布置了 44 个检波器，道间距为 20m，其中第 2 层和第 5 层较薄，分别厚 40m 和 20m，各层的速度及品质因子见表 5.1。首先，利用模型中所给参数正演模拟生成一维水平层状黏弹介质零偏移距的直达波记录，即 VSP 剖面，如图 5.22 所示。所使用的子波是峰值频率为 45Hz 的雷克子波（注：为了研究问题方便，特将每层介质的厚度设为道间距的整数倍，这样可以避开所用速度不准确的影响，以便于考查所用方法的稳健性）。

表 5.1　模型参数

层位	1	2	3	4	5	6
纵波速度/(m/s)	2500	2200	2025	2050	1900	1700
层厚/m	260	40	140	240	20	160
品质因子 Q	20	5	25	50	10	70

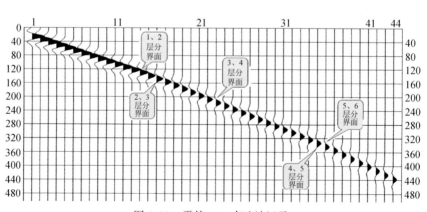

图 5.22　零偏 VSP 直达波记录

1. 频谱比法

由于在实际介质中，平面简谐波的简化式为

$$A\ (x)\ = A_0\cdot\exp\left(-\frac{\pi x}{vQ}f+k\right)\tag{5.42}$$

所以，在此层状模型中，对于某一频率 f 的简谐波，式（5.42）可以改写为

$$A_{i+1}\ (x)\ = A_i\cdot\exp\left(-\frac{\pi\Delta z_i}{vQ}f+k\right)\tag{5.43}$$

对式（5.43）两端分别求取自然对数并整理得

$$\ln\frac{A_{i+1}(x)}{A_i(x)}=-\frac{\pi\Delta z_i}{vQ}f+k\tag{5.44}$$

式中，A_i 和 A_{i+1} 分别为第 i 道和 $i+1$ 道频率为 f 的简谐分量所对应的振幅；Δz_i 为道间距；k 为与 f 对应的波数；v 为相邻两检波器之间的介质的平均速度；Q 为介质的品质因子。

用频谱比法反演介质的品质因子。首先需要对所有检波器所记录的地震子波作频谱分析；用多项式对子波频谱在有效频段进行模拟（在此模型中，本书选用的有效频段为 5 ～ 110Hz），如图 5.23 和图 5.24 所示；然后在此频段范围内拟合式（5.43）中的直线斜率，便可以求出 Q 值。假设直线斜率为 a_1，则 Q 可由式（5.45）得到：

$$Q=-\frac{\pi\Delta z_i}{va_1}\tag{5.45}$$

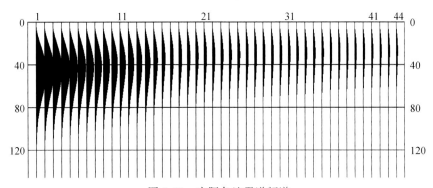

图 5.23　实际各地震道频谱

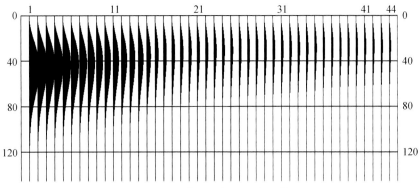

图 5.24　模拟后各地震道频谱

为了了解频谱模拟的实际效果，可任取一道比较模拟前后的振幅谱（本节取第 1 道），如图 5.25 所示。

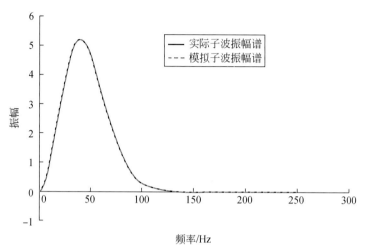

图 5.25　子波振幅谱和其模拟谱

由图 5.25 可知，模拟后的振幅谱与子波的振幅谱吻合得很好，这是因为在此模型中，检波器接收到的直达波没有噪声。这也说明了本书谱模拟方法的正确性。

用模拟后的振幅谱，根据式（5.43），对每一采样频率 f_i，运用式（5.44）求取相邻两道中该频率的 $\ln\left(\dfrac{A_i}{A_{i0}}\right)$。令 $\ln\dfrac{A_i}{A_{i0}}=y_i$，得到一样点 (f_i, y_i)，而后来拟合直线斜率，就可反演出品质因子。品质因子的理论和反演结果值如图 5.26 所示。

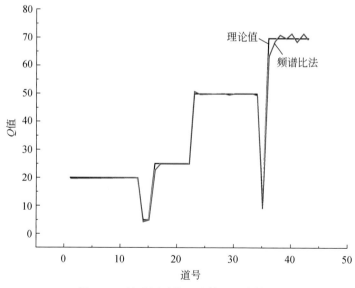

图 5.26　品质因子的理论值和反演结果

2. 质心频率偏移法

在此层状模型中，有

$$\alpha_i = \frac{1}{\sigma_i^2} \frac{\Delta f_i}{\Delta z_i} \qquad (5.46)$$

式中，α_i 为相邻两个检波器之间地层的平均吸收因子；$\Delta f_i = f_i - f_{i+1}$ 为相邻两道中心频率之差；Δz_i 为道间距；σ_i^2 为第 i 道频谱的方差。

又因为 a 与 Q 的关系为

$$Q = \frac{\pi}{av} \qquad (5.47)$$

所以，将式（5.46）代入式（5.47）可得

$$Q = \frac{\pi \Delta z_i \sigma_i^2}{v \Delta f_i} \qquad (5.48)$$

为了反演品质因子 Q 值，需要对所有道的地震子波作频谱分析；然后，在频率域中求取每一道的中心频率和方差，图 5.27 是每道的中心频率，由图可见，中心频率从第 1 道的 50.26Hz 递减到第 44 道的 32.52Hz。

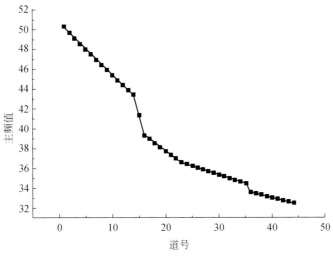

图 5.27　直达波中心频率随深度变化

最后，根据式（5.46）和式（5.47）得到相邻两个检波器之间地层的平均吸收系数及品质因子。图 5.28 是各层的品质因子及估测结果对比图，理论值、反演结果分别如图 5.28 所示。在厚地层中两者吻合得较好；在薄地层底部，品质因子会发生剧烈的跳跃，表现为一个尖脉冲，波谷反映薄层的品质因子，因此中心频率偏移对薄地层也具有较高的分辨率，并且估测的品质因子的分层性很准确，在薄地层的分界面上，品质因子发生跳变。通过图 5.27 与图 5.28 对比发现，对于不同品质因子地层的品质因子小；变化率小，地层的品质因子大，曲线的拐点位置即为地层的分界面。

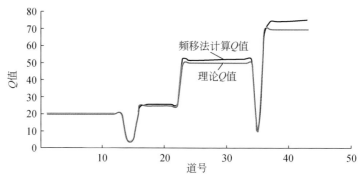

图 5.28　品质因子的理论值与频移法反演结果

3. 上升时间法

在层状模型中，可分段求取 Q 值，可得出

$$Q = C \frac{\delta t}{\delta \tau} \tag{5.49}$$

式中，C 为常数，这里取 0.5；δt，$\delta \tau$ 分别为相邻两道的走时差和上升时间差，并且走时差选取相邻振幅峰值之间的时间间隔。根据公式可得出各层的品质因子，理论值、反演结果分别如图 5.29 所示。在厚地层中两者趋势总体一致，但效果不算很理想，在稳定的平层出现了 Q 值的跳跃，这主要是上升时间求取的误差造成的；在薄地层底部，品质因子会发生剧烈的跳跃，表现为一个尖脉冲，波谷反映薄层的品质因子，因此上升时间法对薄地层也具有较高的分辨率，并且估测的品质因子的分层性很准确，在薄地层的分界面上，品质因子发生跳变，曲线的拐点位置即为地层的分界面。

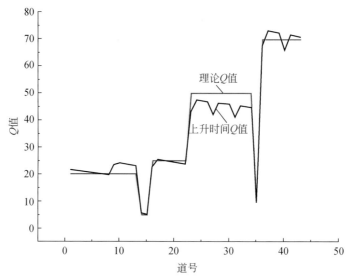

图 5.29　品质因子的理论值与上升时间法反演结果

4. 振幅衰减法

拟合曲线得到 Q 值,发现反演出的值要普遍大于给出的理论值,在对反演结果进行一个加权平均以后,发觉效果比较理想。加权因子如图 5.30 所示,主要是突出了稳定低频的成分,压制了不稳定的高频成分,反演结果如图 5.31 所示。

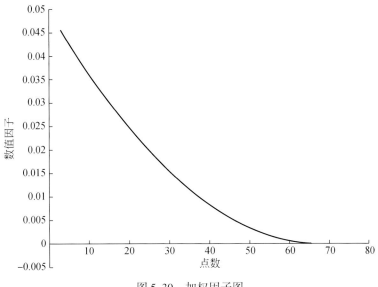

图 5.30　加权因子图

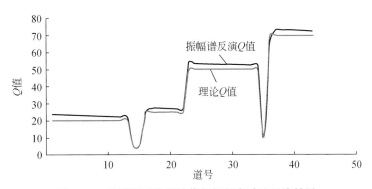

图 5.31　品质因子的理论值与振幅衰减法反演结果

5. 解析信号法

本节选取的希尔伯特变换因子如图 5.32 所示,截取数为 39 点。奇数点处有值,偶数点处值消失变为零,且奇数点处值随着点号 n 的绝对值的增加而减小。

采用解析信号法可得出品质因子 Q 如图 5.33 所示。从图中可以看出,解析信号法反演的 Q 值,对厚层而言有较好的效果,而对薄层则有明显的失真,不能反映出薄层的品质因子值。但与此同时,也说明了这种方法对薄层很敏感,可以从图中明显异常的 "U"

形、"W"形处判断出薄层的大体位置，但其衰减值则不好确定，应该结合其他方法一同说明。用这种方法估计 Q 值稳定地区的平均 Q 值，应该具有较好的效果。

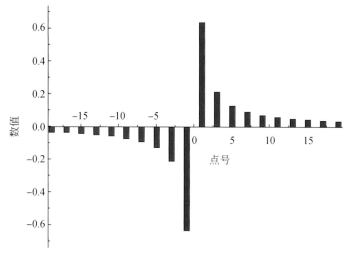

图 5.32　时间域希尔伯特变换算子（39 点）

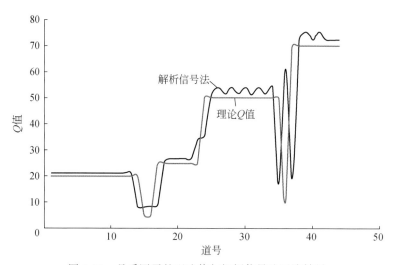

图 5.33　品质因子的理论值与解析信号法反演结果

5.3　近地表吸收衰减对地震波的影响

为分析近地表 Q 对地震波场的影响，在室内建立了一个近地表模型，速度模型如图 5.34 所示。模型大小为 500m×500m，网格为 1m×1m。第一层为低速层，厚度为 30m；纵波和横波的 Q 分别为 7.5 和 4（此值相当于 30m 内的等效 Q），纵横波速度分别为 800m/s 和 430m/s。这一层相当于低速带、降速带和中间层的等效层。

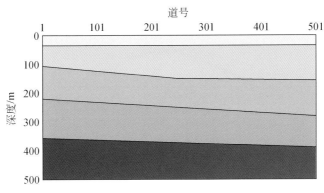

图 5.34　速度模型

5.3.1　近地表 Q 值对反射能量的影响

从模型模拟分析，含 Q 模型所获得的深层能量明显变弱，同相轴变粗，频率变低。

图 5.35 为对上述模型进行弹性波波动方程模拟所得炮集的垂直分量，没有考虑 Q 对波场的影响。模拟参数为道数为 500 道；采样时间为 1s；采样间隔为 1ms；主频为 40Hz。图中波场清晰，各种波组清晰可见。

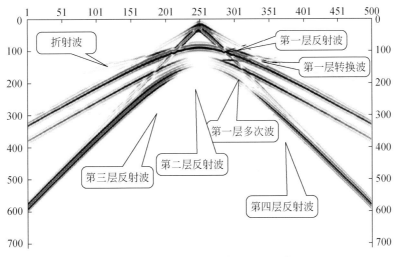

图 5.35 弹性波波动方程垂直分量（不含 Q）

图 5.36 为对上述模型进行黏弹性波波动方程模拟所得炮集的垂直分量，其中考虑了浅层 Q 的影响。模拟参数与弹性波情形相同。对比可见，此时深层能量明显变弱，同相轴变粗，频率变低。

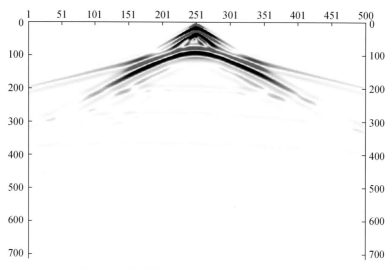

图 5.36　黏弹性波波动方程垂直分量（含 Q）

5.3.2　近地表 Q 值对地震子波频率的影响

　　为了说明 Q 对地震子波的影响，提取第 1 道子波进行波形对比，分析可见，弹性波的相对振幅较黏弹性波的相对振幅强很多，同时，弹性波的有效频带宽度较黏弹性波宽，有效频带由高频向低频移动。图 5.37 和图 5.38 分别为第 1 道弹性波波形和第 1 道黏弹性波波形，它们的频谱分别如图 5.39 和图 5.40 所示。

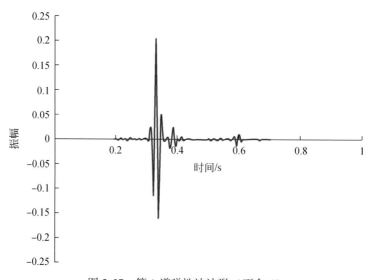

图 5.37　第 1 道弹性波波形（不含 Q）

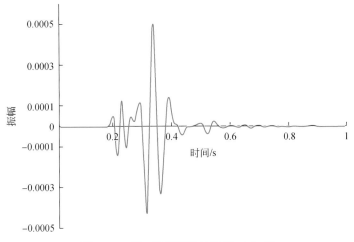

图 5.38　第 1 道黏弹性波波形（含 Q）

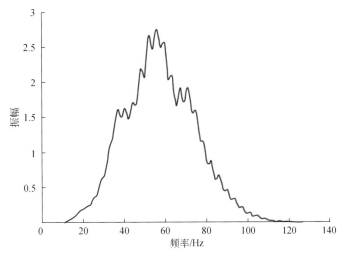

图 5.39　第 1 道弹性波频谱（不含 Q）

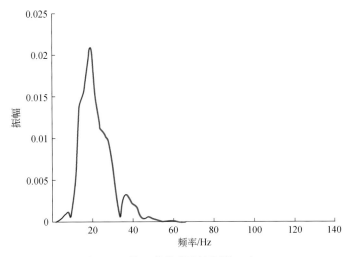

图 5.40　第 1 道黏弹性波频谱（含 Q）

5.3.3　不同近地表 Q 值对地震波的影响

为了进一步探究含 Q 模型下，地震波激发能量的吸收衰减规律，根据黏滞弹性理论和高精度地震波场正演模拟方法，建立概念模型来模拟分析地震波在地层中的衰减规律，讨论地下介质的品质因子对地震反射的影响，模型如图 5.41 所示。

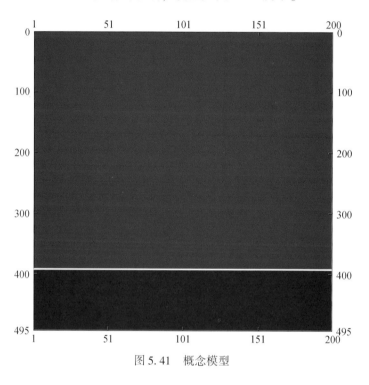

图 5.41　概念模型

图 5.42 为 $Q=10000$、$Q=100$、$Q=50$ 和 $Q=10$ 的情况，可以看出当 $Q=10000$ 和 $Q=100$ 时两者差别不大。但是当 $Q=50$ 时，地下界面的反射波能量明显减弱，当 $Q=10$ 时反射波能量就很弱了。

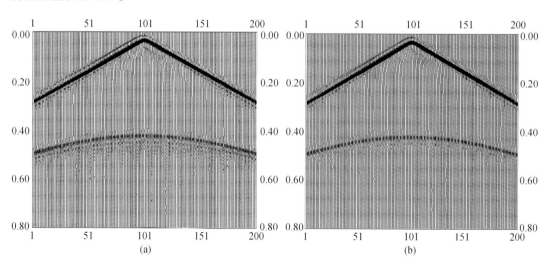

(a)　　　　　　　　　　　　　　(b)

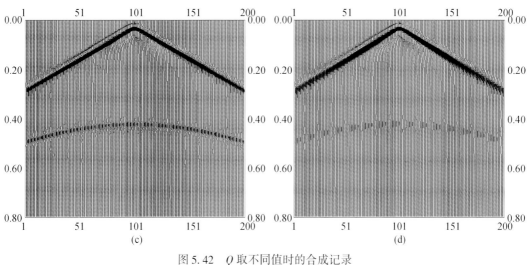

图 5.42　Q 取不同值时的合成记录

（a）Q = 1000；（b）Q = 100；（c）Q = 50；（d）Q = 10

　　对比不同 Q 值的直达波和反射波的频谱图（图 5.43，图 5.44），可以看出，高频能量衰减较快，且 Q 较大时，Q 的变化对地震波能量和波形的影响小，当 Q 较小时，Q 的变化对地震波能量和波形的影响大。这说明引起表层地震波能量和波形变化的主要影响因素是那些具有低 Q 的地层，这些地层 Q 的很微小变化也会对地震波产生较大的影响。

　　图 5.45 为不同频率地震波经过不同 Q 值地层时，对地震波振幅的影响，图 5.46 是表层 Q 的变化对反射波振幅的影响。从图 5.45、图 5.46 可以看出，地震波衰减随频率的增高而增大，随界面深度（传播距离）的增大而增大。

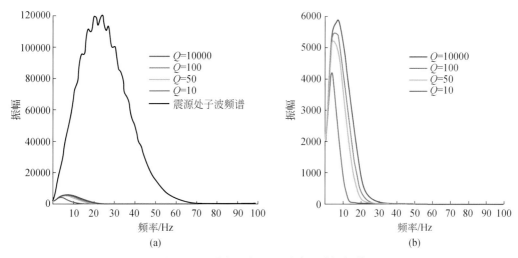

图 5.43　不同 Q 时 400m 处直达波振幅谱

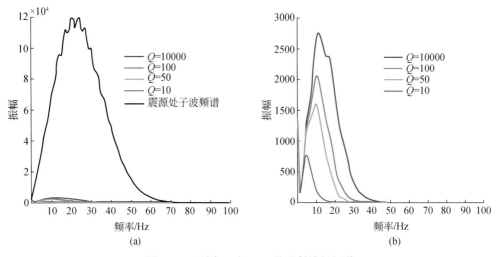

图 5.44　不同 Q 时 400m 处反射波振幅谱

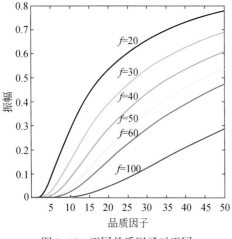

图 5.45　不同品质因子对不同
频率地震波振幅的影响

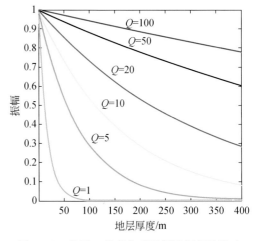

图 5.46　表层 Q 的变化对反射波振幅的影响

第6章　近地表岩性精细探测方法

随着勘探开发精度的要求越来越高，发现常规的表层结构调查方法已经无法满足当前地震勘探的需要。同时，通过近几年试验与研究发现，激发岩性的好坏同样直接影响着采集资料的品质。要想提高资料品质，就必须获得准确的表层数据，寻找最佳的激发岩性。

我们对多种岩性探测方法进行野外试验、资料分析与方法总结，形成了一系列精细的近地表岩性探测方法。主要包括动力探测方法、静力探测方法、测井探测方法和子波识别岩性方法，本节对不同的方法进行详细介绍。

6.1　近地表岩土分类

6.1.1　按地质成因分类

按地质成因可分为残积土、坡积土、洪积土、冲积土、淤积土、冰积土、风积土等类型。

6.1.2　按沉积时代分类

土按其沉积时代可分为老沉积土、新近沉积土两类。

老沉积土：第四纪晚更新世及其以前沉积的土，一般具有较高的强度和较低的压缩性。

新近沉积土：第四纪全新世中近期沉积的土，一般为欠固结的，且强度较低。

6.1.3　按土颗粒级配和塑性指数分类

土的颗粒按粗细可分为漂石或块石、卵石或碎石、粗圆砾或角砾、细圆砾或粗角砾、砂粒、粉粒、黏粒（表6.1），根据土颗粒级配和塑性指数可分为碎石土、砂土、粉土和黏性土。碎石土为颗粒大于2mm的颗粒质量超过总质量的50%的土；砂土为粒径大于2mm的颗粒质量不超过总质量的50%，而粒径大于0.075mm的颗粒质量超过总质量的50%的土；粉土为粒径大于0.075mm的颗粒质量不超过总质量的50%，且塑性指数等于或小于10的土；黏性土为塑性指数大于10的土。济阳拗陷近地表多为粉土和黏性土。

表 6.1 土的颗粒分类

颗粒分类		粒径 d/mm
漂石（浑圆、圆棱）或块石（尖棱）	大	$d>800$
	中	$400<d\leqslant800$
	小	$200<d\leqslant400$
卵石（浑圆、圆棱）或碎石（尖棱）	大	$100<d\leqslant200$
	小	$60<d\leqslant100$
粗圆砾（浑圆、圆棱）或角砾（尖棱）	大	$40<d\leqslant60$
	小	$20<d\leqslant40$
细圆砾（浑圆、圆棱）或粗角砾	大	$10<d\leqslant20$
	中	$5<d\leqslant10$
	小	$2<d\leqslant5$
砂粒	粗	$0.5<d\leqslant2$
	中	$0.25<d\leqslant0.5$
	小	$0.075<d\leqslant0.25$
粉粒		$0.005<d\leqslant0.75$
黏粒		$d<0.05$

　　黏性土根据塑性指数分为粉质黏土和黏土（表 6.2）。塑性指数大于 10，且小于或等于 17 的土称为粉质黏土；塑性指数大于 17 的土称为黏土。

表 6.2 黏性土分类

土的名称	塑性指数 I_P
粉质黏土	$10<I_P\leqslant17$
黏土	$I_P>17$

6.2 动力岩性探测方法

　　动力岩性探测方法是采用钻井机器钻取浅层岩土，通过观察分析岩土特征，对岩土进行描述的一种方法，该方法具有直观、准确的优点，但其缺点非常明显，即施工效率非常低、成本高。

6.2.1 动力岩性探测原理

　　该方法采用机械钻井设备对近地表进行钻井取样，以每次 60cm 的长度进行连续取心，直观、准确、完整地提取近地表疏松岩土介质的岩样，并在野外对岩心进行现场探测（图 6.1）。

图 6.1　动力探测取心钻机

6.2.2　浅层取心影响因素、难点和要求

1. 取心器的分类及适用范围

目前，进行岩土取心的工具很多，分类及适用范围见表 6.3。

表 6.3　钻孔取心器的分类和应用

取心器分类		取心器名称	土样等级	适应土类
I	I-a	固定活塞薄壁取心器、水压式固定活塞薄壁取心器	I	可塑至流塑黏性土、粉砂、粉土
		二（三）重管回转取心器（单动）		可塑至坚硬的黏性土、粉土、粉砂、细砂
	I-b	二（三）重管回转取心器（双动）		硬塑至坚硬的黏性土、中砂、粗砂、砾砂（碎石土）
		自由活塞薄壁取心器	I-II	可塑至软性黏性土、粉土、粉砂
		敞口薄壁取心器		可塑至流塑黏性土、粉土、粉砂

2. 影响取心的各种因素分析

通过用设计的各类取心器在野外多次实验，影响取心泥土连续性、扰动、压缩性的几个因素主要包括以下几个方面。

（1）钻头和取心器的直径：钻头和取心器的直径越大，取心泥土的扰动和压缩性就越小，但直径过大，取心器里装入的泥心过重，则在取心器上提过程中，泥心容易脱落，影响其连续性。

（2）钻头壁的厚度：钻头壁的厚度越薄，取心泥土的扰动性和压缩性越小。

（3）钻速和钻进速度：钻速和钻进速度越低，取心泥土的扰动性和压缩性越小。

（4）取心筒的密闭性：取心筒的密闭性越好，取心泥土越不易脱落，其连续性越好。

（5）取心筒内壁的光滑度：取心筒的内壁越光滑，取心泥土的压缩性越小，但起提泥心时，泥心与内壁的阻力小，泥心容易脱落，其连续性和完整度可能变差。

（6）岩土的黏性：泥土越黏，取出来的泥心越连续，但其扰动性和压缩性却变大。

（7）岩土的含水度：泥土含水度过低，泥心的压缩性越小，但泥心容易脱落，其连续性却可能变差；泥土含水度过高，泥心的压缩性变高，扰动也加大，同时泥心也容易脱落，其连续性变差。只有泥土的含水度在一个合适的水平，泥心的压缩性和连续性都较好，扰动才较小。

图 6.2 是几种影响因素和泥心原样性及连续性的关系示意图。

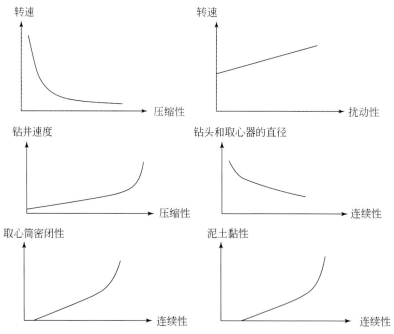

图 6.2　影响因素和泥心原样性及连续性的关系示意图

从图 6.2 可以看出，取心筒的密闭性和泥土黏性与取心连续性在一定范围内呈线性关系，随着取心筒的密闭性和泥土黏性的增加取心连续性变好。当增加到一定程度，连续性增加变快，呈指数增长关系。

从钻头和取心器的直径与取心连续性关系图可以看出，随钻头和取心器直径的增大取心连续性变差，基本呈双曲线关系。

从转速与压缩性和扰动性的关系图可以看出，随转速的增加压缩性变差，基本呈双曲线关系；随转速的增加扰动性增加，呈线性关系。

从钻进速度与压缩性的关系图分析，在一定范围内钻进速度的增加，岩土的压缩性增加；当超出这个范围后继续增加钻进速度，压缩性增加缓慢，基本保持不变。

因此，在制作取心器时，要求钻头和取心器的直径不要太大；在考虑转速的时候要兼顾压缩性和扰动性，折中取值；钻进速度不要太快，减小岩心压缩。

3. 浅层取心技术要求与难点

目前地质勘探、建筑勘探等地质调查工作中所采用的动力探测浅层取心方法较多，所使用的取心工具也不少，但都是不完整和不连续的采样取心，取出来的泥心有相当程度的压缩和扰动，不能满足地震勘探的要求，为此我们进行了连续取心器的研制。

1）物探取心技术要求

（1）物探浅层取心要求连续性好，取心完整率在 80% 以上。

（2）岩心压缩性极小，岩心压缩度要小于 3% 。

（3）扰动性极小，能达到地质的一级取心要求。

从目前的取心效果来看，取出的岩心柱难以达到技术设计要求。

2）技术难点

由于物探对近地表地质调查的特殊性，在连续取心上需要解决以下三个技术难点。

（1）由于不能压缩，进入取心器里泥土的黏结性较差，在取心器上提过程中，泥土容易脱落，这样不能保证泥土取心的完整性。

（2）取心过程中对采集的泥土的扰动要尽可能小，以免破坏泥土的原样性。

（3）遇到淤泥层或含水度较大的泥层时，井眼在取心器提出后，其原有的压力平衡被打破，井眼周围的泥土要向没有泥土的井眼中间移动，这导致井眼直径缩小（缩径），必然对下次取心造成很大阻碍。

6.2.3　半合管薄壁取心器的研制

通过对各种影响取心连续性、扰动性、压缩性因素的综合分析，结合野外实际施工条件和对取心器的使用要求，在多次实验和改进的基础上，设计了半合管薄壁连续取心器，可拆装的半合管取心筒能非常方便快速地提取泥心，图 6.3 为半合管薄壁取心器实物图。

在钻机向下取心时，取心器转动接头的密闭阀与排气排水孔之间有约 3cm 的间距，如图 6.4 所示。

由于密闭阀与排气排水孔之间有距离，因此取心时，泥心上面的空气、水和泥浆可沿图中箭头所示的方向绕过密闭阀，从排气排水孔出来，这样需要取的泥心可顺利装入主取心筒。在取好泥心向上提钻杆时，钻杆拉动转动接头的连接密闭阀的轴承一起上移，从而使密闭阀将排气排水孔完全封闭，这样取心器内部形成一个真空状态，空气的压力在取心器的钻头口处给泥心一个向上的压力，阻止泥心向下脱落。

通过野外实验，岩心完整，效果很好。

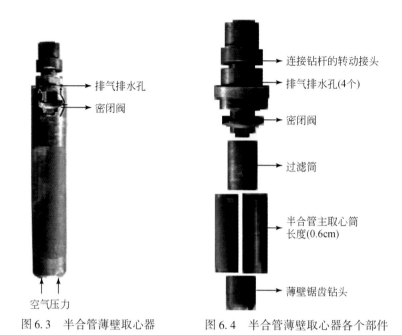

图 6.3　半合管薄壁取心器　　　图 6.4　半合管薄壁取心器各个部件

6.2.4　半合管薄壁取心器的优缺点

表 6.4 是以往所采用的取心器与自行研制的取心器的优缺点比较。

表 6.4　传统取心器与半合管薄壁取心器优缺点对比

取心器种类	螺纹取心器	长管取心器	不锈钢全管取心器	半合管薄壁取心器（自行研制）
优点	钻进快速、连续性较好、压缩度低	钻进快速、连续性较好	连续性较好	连续性好、扰动低、压缩性小。取心准确性高
缺点	扰动非常大，泥心很不容易完整	压缩度极高，操作复杂，取泥心慢	压缩度较高，操作复杂，取心慢	施工速度慢

总之，采用动力岩性探测方法能够直观、准确地得到近地表的岩性变化情况，探测精度高。缺点是成本高、效率低，不能取得速度资料。作为最精确的岩性探测方法，动力岩性探测更适合作为一种岩性标定手段。

6.3　静力岩性探测方法

6.3.1　静力岩性探测原理

静力岩性探测的基本原理是用静力将一个内部装有传感器的触探头匀速地压入土中，传感器将大小不同的阻力通过电信号输入到记录仪记录下来，再利用贯入阻力与岩土的工程地质特征之间的相关关系确定土的岩土性质。静力岩性探测适用于黏性土、粉土、砂土及含少量碎石的土层。

6.3.2　静力岩性探测仪的组成

静力岩性探测仪由贯入设备、探头、量测记录仪三大部分构成（图6.5）。

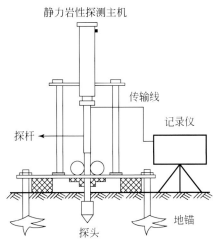

图6.5　岩性探测贯入装置示意图

1. 贯入设备

1）加压装置

加压装置的作用是将探头压入土层中，按加压方式可分为下列几种。

（1）手摇式轻型装置：利用摇柄、链条、齿轮等用人力将探头压入土中。适用于较大设备难以进入的狭小场地的现场测试。

（2）齿轮机械式装置：主要组成部件有变速马达（功率2.8～3kW）、伞形齿轮、丝杆、导向滑块、支架、底板、导向轮等。其结构简单，加工方便，既可单独落地组装，也可装在汽车上。

（3）全液压传动装置：主要有单缸和双缸两种。主要组成部件有油缸、油泵、分压阀、高压油管、压杆器等。

2）反力装置

岩性探测的反力方式有以下三种。

（1）利用地锚作反力：当地表有一层较硬的黏性土时，可用1个或数个地锚作反力。

（2）用重物作反力：如表层土是砂砾、碎石土等，地锚难以下入，只有采用压重物的方式来解决反力问题。

（3）利用车辆自身作反力：目前山东探区使用车装全液压传动装置，将探测仪器装在小型三轮车上，利用三轮车和地锚配合的方式作反力。此方式适用地形广，工作方便。

2. 探头

1）工作原理

将探头压入土中时，由于土层的阻力，探头受到一定的压力，土层的强度越高，探头所受到的压力越大。通过探头内的阻力传感器（以下简称传感器），将土层的阻力转换为电信号，然后由仪表测量出来。

2）结构

目前国内用的探头有两种，一种是单桥探头，另一种是双桥探头，工作中通常使用双桥探头。双桥探头锥头有传感器外，还有侧壁摩擦传感器及摩擦套筒，能同时测量锥尖和侧壁的压力（图6.6）。

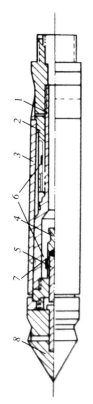

图6.6 双桥探头结构图
1. 传力杆；2. 摩擦传感器；3. 摩擦筒；4. 锥尖传感器；5. 顶柱；6. 电阻应变片；7. 钢球；8. 锥尖头

3）标定

为了建立锥头贯入阻力与仪器显示值之间的关系，在使用前或使用一段时间后，应将探头放在探头标定设备（压力机）上，做加压标定试验，以保证测量数据的准确。

3. 量测记录仪

目前常用的岩性探测测量仪器有两种，一种为电阻应变仪；另一种为自动记录仪。生产中使用的是自动记录仪器。

自动记录仪是由通用的电子电位差计改装而成，它能随深度自动记录土层贯入阻力的变化情况，并以曲线的方式自动绘在记录纸上，从而提高野外工作的效率和质量。

自动记录仪主要由稳压电源、电桥、滤波器、放大器、滑线电阻和可逆电机组成。由探头输出的信号，经过滤波器以后，到达测量电桥，产生出一个不平衡电压，经放大器放大后，推动可逆电机转动，与可逆电机相连的指示机构，就沿着有分度的标尺滑行，标尺是按信号大小比例刻制的，因而指示机构所指示的位置即为被测信号的数值。

6.3.3 资料采集方法

静力岩性探测试验时，应先平整场地，对准孔位，将反力装置地锚用下锚器旋入土中，安装测量系统，正式贯入，直至进入相对硬土层的深度满足工程设计要求，最后将探测到的锥尖阻力和侧壁摩擦力按照不同比例尺绘制成图（图6.7），用于后期资料分析解释。

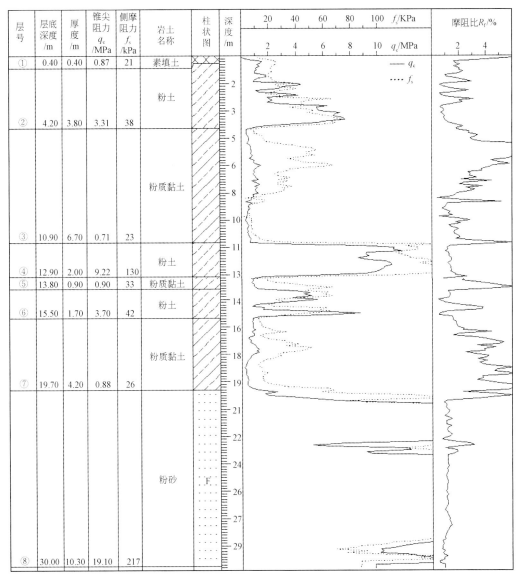

图 6.7　不同岩性摩阻比与锥尖阻力示意图

6.3.4　资料解释方法

首先，对原始数据进行检查和修正。如零漂值随深度变化，自动记录的深度与实际深度有差别时，应按线性内插法对原始数据进行修正。对于自动记录仪，可通过每隔一定深度提升一次，使笔头调零来达到消除零漂值影响。

其次，划分地层。划分地层是静力岩性探测的基本应用之一，自动记录仪绘制出的贯入阻力随深度变化曲线，其本身就是土层力学性质的柱状图。通过在黏性土、粉土及砂性土中进行静力岩性探测与钻孔资料的对比，分别按土类从曲线形态、锥尖阻力 q_c、侧摩阻

力 f_s、摩阻比 R_f 四项进行分析，从中得出显著不同特征，可以作为划分土类的基本标志。利用静力岩性探测进行土层分类，由于不同类型的土有不同的 R_f、q_c 或 f_s 值，因此，单靠某一个指标如单桥探头的 p_s，是无法对土层进行正确分类的，生产中采用双桥探头测试中的摩阻比划分土层。

从表 6.5、表 6.6 可以看出：平均锥尖阻力值、平均侧壁阻力值和平均摩阻比在不同土类中均有不同的取值范同，并有一定的规律性。由黏性土—粉土—粉细砂，随着黏粒含量的逐步减小，由细颗粒向粗颗粒逐渐增大，q_c 和 f_s 平均值逐渐增大，R_f 平均值一般逐渐减小。

表6.5　各种岩性对应的锥尖阻力 q_c、侧摩阻力 f_s、摩阻比 R_f

岩性	q_c 平均值范围/kPa	f_s 平均值范围/kPa	R_f 平均值范围/%
黏土	650 ~ 1300	18 ~ 40	>2.5
粉质黏土	650 ~ 1300	6 ~ 25	1.0 ~ 2.5
粉土	1900 ~ 8000	38 ~ 100	0.9 ~ 2.0
粉砂	>4500	>40	0.8 ~ 1.3
细砂	>4500	>45	0.8 ~ 1.3

从济阳探区统计规律来看，表层不同岩性 q_c、R_f 值呈现如下规律：

（1）q_c 值：素填土无规律；粉土大于 2 ~ 10MPa；粉质黏土 q_c >1.2MPa；粉砂大于 15MPa。

（2）摩阻比 R_f：素填土无规律；粉土 1<R_f<2；粉质黏土 R_f>2；粉砂 R_f<1。

表6.6　各土层的静力岩性探测所测参数与深度曲线特征

土层	q_c-H 曲线特征	R_f-H 曲线特征
素填土	曲线变化无规律，往往出现突变现象	无规律
淤泥质粉质黏土	q_c 值较低，q_c-H 曲线平滑，近似垂线状，一般无明显变化	R_f 值一般大于2%
粉质黏土	（1）q_c 值较低，q_c-H 曲线有缓慢的波形变化 （2）土层中如有薄砂或结核出现，q_c 值会出现突变现象	R_f 值一般大于2%
粉土	q_c 值较高，q_c-H 曲线有较大的波形变化	R_f 值一般为1% ~2%
粉砂	（1）q_c 值明显比上述地层偏大，变化频率与幅度均较大 （2）q_c-H 曲线呈锯齿状，波峰和波谷呈尖形	R_f 值一般小于1%

6.4　近地表岩性测井探测方法

6.4.1　探测原理

近地表测井探测是将静力岩性探测与深井测井方法相结合，利用静力探测曲线和测井曲线联合解释分析近地表岩性特征的一种方法，以提高近地表岩性探测精度。目前，静力岩性探测已经形成了比较完善的野外探测和资料解释方法，测井方法以往完全是针对深部的深层油气藏开展工作，针对近地表的浅层测井设备和解释分析方法完全是空白的，为了将两种方法有机结合，必须对静力岩性探测方法进行改造，同时研制浅层测井设备和资料联合解释方法。

将伽马测井探头置于静力岩性探头内，利用静力岩性探测的动力系统将测量探头以 2cm/s 的速度匀速压入测量地层，同时测量锥尖阻力、侧壁摩擦力和伽马曲线，利用三种曲线联合描述浅层岩性特征，达到探测岩性的目的。

6.4.2　岩性测井仪研制

为了将静力岩性探测与深井测井方法有机结合，必须对仪器装备进行改造，使之合成为一套仪器。首先是对静力岩性探测设备进行改造，然后研制超小型化测井探头，同时合并两种地面采集面板，最后改装仪器运载设备，形成一套完整的新型探测装备。

1. 静力岩性探测设备的研制与改造

为了与测井仪器配套，必须对静力岩性探测仪器的探头、贯入系统、探杆、电缆等部件进行改造。

1）探头

探头可测锥尖阻力和侧壁摩擦力。其顶角为 60°；底面积为 15cm²；侧壁摩擦筒面积为 150cm²；直径为 43.7mm（图 6.8）。在此基础上，将探头部分进行加长，使之能够再容纳一个伽马探头。探头的尺寸和加工精度，直接影响着触探资料的准确性，探头各部件的机械性能影响着探头的测试精度及使用寿命。探头各部件中材质要求较高的是传感器，传感器是探头的心脏，对探头的测试精度、使用寿命起着决定性的作用，传感器选用高强度钢材制作，最好采用 $60Si_2Mn$ 钢，并进行热处理。探头其余部件的材质要求并不高，可用 40Cr 或 45 钢，也要经过热处理。

图 6.8　静力探头外观图

2）贯入系统

贯入系统主要由贯入装置和反力装置两大部分组成，贯入方式选用液压连续贯入方式，为 15～20t 液压系统，液压油缸体积 150L，68#液压油，液压行程 50cm。反力由地锚和车辆（包括设备）自重获得。地锚下深 1.5～2m，每根地锚可提供 10～20kN 的反力，共设计了 5 根地锚。下锚采用液压自动下锚方式，前端设计了 2 个独立的液压下锚机，后端设计了一个可滑动的液压下锚机，最多可下 3 个地锚（图 6.9）。

3）探杆

探杆采用高强度无缝钢管，直径为 42mm，其屈服强度不小于 600MPa，每根探杆长度为 1m，探杆总数量为 50 根。

4）电缆

电缆选用 12 芯电缆，主要为静力探测探头和自然伽马探头供电和数据采集。电缆贯穿于探杆内（图 6.10）。

　　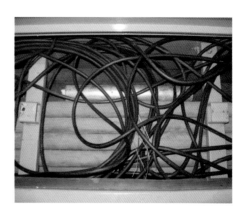

图 6.9　地锚压入地层　　　　　　　　图 6.10　探杆和贯通电缆

2. 小直径自然伽马测井仪研制

静力岩性探测所采用的工艺特点是井眼小（$\Phi \leqslant 50\text{mm}$）、利用液压机械外力将探测器压入地层。因此，对自然伽马射线探测头要求特别苛刻，具体归结为以下三点：一是探头探测效率要高，要提高探测效率就要尽可能增大探头的体积，但是，受探杆空间限制，探头的体积不能太大。二是探头整体要承受巨大的静压载荷及拉伸载荷。三是探头承受特别的低频率的震动和冲击。

1）探头和晶体的设计

NaI（Tl）晶体是这样一种部件，它将伽马射线在穿过介质的路径上所消耗的部分能量转换成光，然后通过光耦合，光电倍增管可接收晶体发出的光脉冲。能量为 200keV 或者更小的自然伽马射线，所占的百分比很大，在这样低的能量范围，光电效应是控制光产额的主要方式。探头设计拟采用 NaI（Tl）晶体。该晶体与其他探测器相比具有探测效率高（约 20%）、抗冲击、耐振动、应用技术成熟等特点。探头设计主要难点在于受空间体积的限制。为了保证测量精度，最大限度地降低放射性统计起伏，需要采用尽可能大的晶体。

晶体尺寸变大以后又存在抗震性能降低的问题。这就要求必须根据测量的具体条件限制设计探头尺寸和晶体的大小。在晶体设计试验中要同时采取或改进晶体保护装置，增加防震措施。进行耐心细致的试验，以便最终达到施工要求，这项技术目前在国内外都属于首创。

将研制的自然伽马传感器和静力岩性探测传感器有机组合，成为一体化组合探测器。要求探头具有良好的密封、抗震性能（图 6.11）。

2）光电倍增管的选型

光电倍增管的基本功能是把来自碘化钠晶体的微弱闪烁光进行光电转换和电流倍增放大。晶体是透明的，自然伽马射线在晶体内经过碰撞作用所产生的闪烁光子经过一种光学耦合剂，投射到光电倍增管的光阴极上，激发光阴极发射出自由电子。在光电倍增管中，第一打拿极相对于阴极有一个正电位。所以，这些自由电子被第一打拿极加速后碰撞电极再次打出更多的自由电子，这样便产生了自由电子二次发射现象。更多的电子由这个打拿极表面发射出来，第二打拿极具有更高的正电位。因此，这些电子被吸收并再次引起更多的电子发射。光电倍增管设计有很多个按照特定顺序排列的打拿极。每个打拿极都重复上述过程，最终形成了大约 2000000 倍或更高的电流倍增，在最后一个电极即高压阳极上，形成一个负电流脉冲。

图 6.11　组合测量探头

CR192 光电倍增管（图 6.12）是直径 14.5mm 高温光电倍增管，其参数见表 6.7。采用锑钾钠高温双碱光阴极和耐高温铜铍倍增极。具有稳定工作和长寿命的特点，特别适用于小口径测井仪使用。

表 6.7　CR192 光电倍增管参数

光谱响应范围	300～650nm（S-4）
最大响应波长	375nm
光阴极（半透明）	高温双碱
侧筒及窗材料	硼硅玻璃
倍增极材料	铜铍合金
倍增系统结构	线形聚焦
阴极与阳极间的电压	DC1800V
平均阳极电流	0.1mA
正弦震动	20g
冲击	100g（11ms）

图 6.12　CR192 光电倍增管管脚排列图

K. 阴极；Dy. 倍增极；P. 阳极

3）仪器外壳和线路骨架

线路骨架的设计材料为铝合金，功能是承载全部电子元件和电气接头。

仪器外壳的设计充分考虑了静力勘探时的压力和拉力载荷。一方面，为了可以保证承载 10t 的静应力载荷及长期工作的可靠性，需要把外壳做得越厚越好；另一方面，如果外壳加厚则将降低自然伽马射线的探测效率。因此，考虑采用高强度的钛合金钢作为制造材料。小直径自然伽马仪器机械结构如图 6.13 所示。

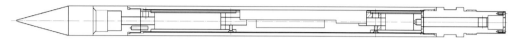

图 6.13　小直径自然伽马仪器机械结构图

4）信号传输协议

考虑到静力探测探头使用的是 8 芯电缆，而自然伽马探头要用 3 芯（分别作电源正极、电源负极、信号线）。因此决定采用 12 芯电缆作为电气连接电线。12 芯电缆的编号分配如下：1#、3#锥尖供桥电压；2#、4#锥尖测量信号；5#、7#侧壁供桥电压；6#、8#侧壁测量信号。

自然伽马探头用 3 个：

9#、10#用作直流供电；11#用作自然伽马脉冲信号。

5）高压工作电源及电路设计

根据光电倍增管（型号 CR192，Φ14.5mm）的工作特性，考虑到仪器总体几何尺寸的限制，对高压工作电源提出如下要求（图 6.14）。

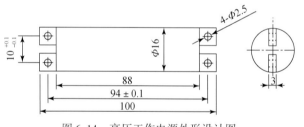

图 6.14　高压工作电源外形设计图

输入电压：DC +12V；
输出电压：DC 0 ~ +2000V；
输出纹波：<50mV；
负载能力：200μA；
工作温度：125℃；
外形尺寸：Φ16mm；
引线方式：高压在一端，低压在另一端；
固定方式：两端对称，用螺丝固定。

考虑到野外施工的具体条件，经过认真试验后得出的结论是：可以采用多次充电循环使用的+12V 锂电池组作为自然伽马仪器的总供电电源。此锂电池组充电一次可以满足连续工作 50h 的需要。

+12V 电源通过 2 个缆芯输送到下井仪器。下井仪器的电源设计充分考虑了省电高效的特点。首先，把来自缆芯的+12V 电源分成两路。一路作为高压电源发生器的输入电源；另一路经过降压 LM7805 专用电源芯片转换成+5V 的直流电源供给信号处理电路用。这样做的好处是：模拟电路和脉冲处理电路都从+5V 取电，既简化了电路设计又方便了逻辑器件的选型。

实际测量表明，自然伽马仪器电路的总功率消耗是 0.48W（+12V，40mA）。锂电池组充满电后可以连续不断地支持仪器工作 60h 以上。

6）信号处理电路

在电气方面，考虑了与静力探头的连接问题。在小直径自然伽马仪器的主体内部给静力探头布置了 8 根上下贯通的导线，供静力探头的供电及信号传输使用。

自然伽马仪器的下端与静力探头连接。电气连接采用 8 芯航空连接器。该 8 芯航空连接器是军品级电气连接器件，具有连接快速可靠、准确定位、不会接错的特点，既方便了现场施工又增加了工作可靠性。自然伽马仪器的下端与静力探头的机械连接采用了专门设计的密封高强度接头，此接头内部可以通过贯通电线。机械强度方面可以保证在静力触探的压力载荷以内不发生变形。

自然伽马仪器的上端与静力探杆连接。电气方面采用 12 芯电缆（图 6.15）。电缆在施工前已经按次序穿入所有探杆，地面一端用 12 芯航空连接器连接到地面面板。下井一端采用 12 芯航空连接器连接到自然伽马仪器的上端。

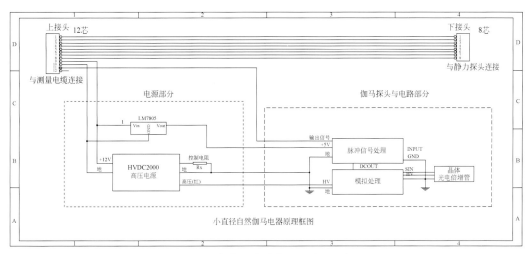

图 6.15　小直径自然伽马电路原理框图

自然伽马仪器电路部分的总体工作流程是：来自地面的 +12V 直流电源分成两路。一路给高压发生器用，高压发生器产生 1800V 高压激发电源加到光电倍增管上。另一路经过 LM7805 降压后变为 +5V 给信号处理电路用（图 6.16）。

当一个伽马射线被晶体吸收时，在晶体内部就产生微弱闪光。闪光通过光耦合剂进入光电倍增管的阴极时打出一个自由电子。此自由电子在光电倍增管内经过 10 级倍增后从高压阳极上激发一个负电流脉冲。这个负电流脉冲被称为光电倍增管的输出信号。每产生一个负电流脉冲就表示晶体探测到了一个伽马射线。

电路板的设计是根据仪器的总体几何尺寸要求进行的。经过测算电路板的尺寸确定为 100mm×20mm。所有电子元器件都合理地布置在这个长方形的板上。此电路板四个角各设有一个 3mm 的安装孔。电路板焊接调试完毕后用 3mm 螺钉固定在专门设计的铝合金骨架上。

电路板的工作原理（图 6.17）：从光电倍增管输出的电流脉冲信号经过高压隔直电容 C1 耦合到射极跟随器 VT1。射极跟随器的发射极电压跟随基极的电压同步变化。这样由于伽马射线被晶体吸收而产生的电流脉冲信号就在射极跟随器上同步反映出来。射极跟随

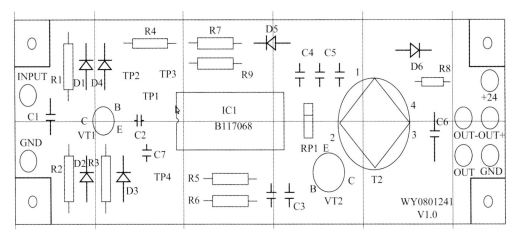

图6.16　自然伽马脉冲信号处理电路板图

器的跟随信号驱动负载的能力大大加强，可以直接送给后续电路进行处理。此跟随器的脉冲信号经过电容C2进入大规模混合集成电路IC1。IC1是一块目前放射性测井仪通用的混合集成电路，其内部含有信号电压跟随器、门槛比较器、分频器、信号整形、输出驱动等电路。通过电位器POT1可以调节信号门槛电压，TP1、TP2之间的电压即为门槛电压。IC1的4脚输出固定宽度的脉冲信号。开关三极管VT2、变压器T2组成信号脉冲放大驱动电路。脉冲信号从OUT+端输出到12芯电缆的11#缆芯。

混合集成电路：放射性测井仪通用的混合集成电路的电路方框图如图6.17所示，管脚位置如图6.18所示。

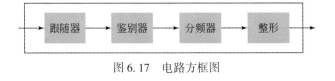

图6.17　电路方框图

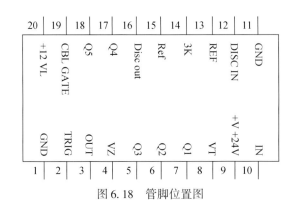

图6.18　管脚位置图

其中各管脚功能：

1脚：GND；

2 脚：TRIG，单稳态输入（接分频器输出）；

3 脚：OUT，输出；

4 脚：VZ，+12V 电压，通过 820Ω 高温电阻接 +24V 电源；

5 脚：Q3，1/8 分频；

6 脚：Q2，1/4 分频；

7 脚：Q1，1/2 分频；

8 脚：VT，基准电压；

9 脚：+V，+24V 电源；

10 脚：IN，信号输入；

11 脚：GND；

12 脚：DISC IN，（观测点），射极跟随器输出（比较器输入）；

13 脚：REF，参考电位；

14 脚：3V，9V 基准电压；

15 脚：REF，+12V 电压；

16 脚：DISC OUT（观测点）比较器输出；

17 脚：Q4，1/32 分频；

18 脚：Q5，1/64 分频；

19 脚：CBLGATE，CBL 门；

20 脚：VL，负载电压（接+12V）。

专门设计的信号处理电路把自然伽马射线转换成 TTL 兼容的+5V 逻辑脉冲信号，+5V 逻辑脉冲信号可以直接送到+5V 的微处理器进行脉冲计数，微处理器定时记录脉冲个数，从而得到自然伽马射线计数率数据（单位是 CPS，经过刻度后可以转换成放射性强度的国际通用 API 单位）。自然伽马仪器的总功率消耗是 0.48W（+12V，40mA）。自然伽马信号为+5V 标准 TTL 正脉冲，脉冲宽度为 80μS。

7）采样深度系统

为了准确地录取资料，因为要采集记录的数据时按深度采集的，所以首先必须具有准确可靠的深度数据。根据静力触探的特点，决定在原来角机的基础上进行改进，使之成为仪器的深度系统。角机的工作原理是：有一个能够灵活转动的轮子和弹性夹具。工作时利用夹具的弹力把转轮紧贴在探杆上。在探杆向下压入地层的同时，轮子跟着一起同步转动。轮子转动一周的周长正好对应于探杆下钻入地层 10cm 深度。每当轮子转过一周就使得微动开关动作一次，从而产生一个深度脉冲信号。此深度脉冲信号通过角机的信号线输送到采集仪内部微机的中断输入引脚。微机实时监控此深度中断信号，当微机监测到有中断信号的出现时，就立即启动一次数据测量过程。每一次数据测量过程中微机都要顺序完成下列工作：

（1）启动 A/D 转换器件把静力探头的锥尖阻力信号和侧壁阻力信号转换为对应的二进制数据；

（2）停止自然伽马计数器的计数，并把当前记录的自然伽马脉冲个数存入相应的存储单元；

（3）关闭 A/D 转换器件，再次开启自然伽马计数器，进行下一次自然伽马计数。

这样，微机系统就根据每一个深度脉冲采样一次实时数据。一般把静力探头刚接近地面的时刻作为零深度位置。此时自然伽马的探头中心位置离地面距离为58cm，即自然伽马探头的零长为58cm。

在试验过程中发现角机轮子转动有时跟不上探杆的移动，即探杆下移的距离大于轮子转动的距离，从而发生深度变差。为了解决这个问题，特地对角机的机械结构进行了改进，增大了夹具弹簧的弹性力量。改进后，试验证明对于角机的改进是合理有效的（图6.19）。

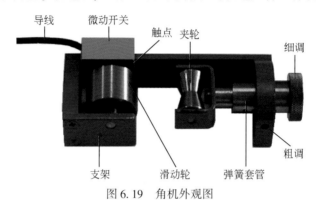

图 6.19　角机外观图

3. 地面采集系统研制

经过分析论证，可以在 JTY-3A 型静力触探仪的基础上进行硬件的设计，并通过修改软件的办法来实现静力岩性探测探头和自然伽马探头的数据采集、存储记录和显示处理。要求在原有的采集静力数据功能的基础上增加测量自然伽马信号的功能，能够测量并记录自然伽马信号的计数率（即每秒的伽马脉冲个数）。自然伽马仪器输出的信号为正脉冲信号：幅度 +5±0.5V，宽度 80±5μS。在硬件方面，采用 DB9 标准接口连接自然伽马地面面板和静力岩性探测面板。静力岩性探测记录仪具有实时数据采集、存储和显示功能。数据显示为数字和曲线两种方式，并能够通过电脑的 USB 口传送给便携式电脑，以便进行数据处理。

1）仪器面板参数含义及格式

数据格式如下：

LWD vision	//版本号，不必填写
WELNAME =	//井名，可不填写
X = -999.250	//X 坐标，可不填写
Y = -999.250	//Y 坐标，可不填写
Z = -999.250	//Z 坐标，可不填写
NULL = -999.250	//无效数据标记值
SDEP = 1285.010	//起始深度，可不填写
EDEP = 1760.338	//起始深度，可不填写
RLEV = 0.125	//采样深度间隔，可不填写
NUMLOG = 5	//曲线条数，可不填写
CURVENAME = Depth，CGR，CR10，CR20，CR40	// 曲线名称，必须填写准确

DEPOFFSET =   0.00，0.00，0.000，0.000，0.000   //   各曲线与实际钻头深度的位移量（也称为延迟深度）

2）机箱

本书设计为便携式机箱，尺寸为 40cm×30cm×12cm（图 6.20）。

3）数据采集与显示

主要采集三个参数：探头的压力和摩阻、地层的自然伽马信息。采样密度为 10cm 每点。仪器面板包括开关、插座和键盘三个部分。键盘采用密封触摸式键盘，外观精美，操作方便，具有防尘、防水、防震、防有害气体侵蚀的特点。

地面数据采集系统提供两种曲线的显示功能，第一是采集曲线，可以不同的纵横比例显示，也可以逐步分段显示大于 20m 深度的采集曲线；第二是率定曲线，屏幕中显示的内容可在打印机上打印出来，如果你的打印机能打印彩色图形，那么，锥尖曲线将是红色的，侧壁曲线是蓝色的。

图 6.20   便携式机箱

6.4.3   处理解释软件编制

该软件是在 Windows 平台上，以网络和数据库管理系统为基础，开发的一套浅表地层数据处理系统，既能满足野外作业时快速处理工作的要求，也能满足数据处理中心精细处理和网络化办公的需要。系统具有完善的综合数据管理能力、友好的用户界面和较强的扩展性。

系统采用分层式体系结构（图 6.21），逻辑上主要分为数据库层、数据服务提供层和

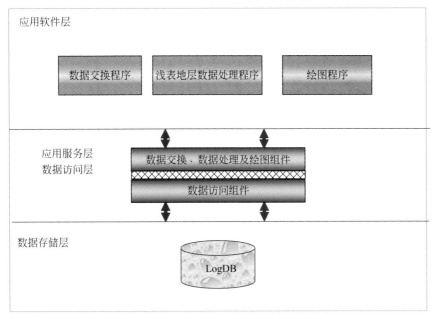

图 6.21   Geologist 2.0 系统平台体系结构

数据处理应用软件层三层，每一层由一些特定的部件组成，部件与部件之间、层与层之间通过接口规范连接，各层的部件组合在一起构成了具有层次清楚、易于扩展和易于维护的综合数据处理平台；同时该方案也是一种协同应用程序开发方案，将系统开发划分为平台部件开发和解释软件集成两大任务。

6.4.4　近地表地层特性参数处理解释

1. 静力探测分量处理解释

静力岩性探测测量包括锥尖阻力 q_c、侧壁摩阻力 f_s 和摩阻比 R_f 三个参数，如图 6.22 所示，其处理解释参考 6.3 节的处理分析方法。

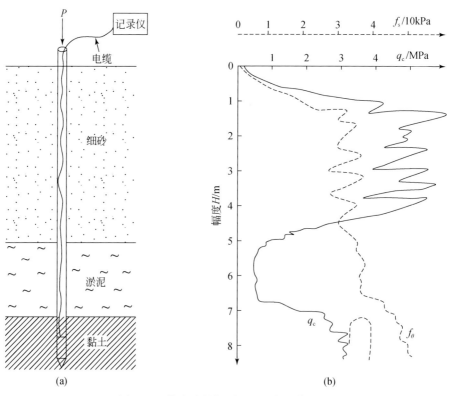

图 6.22　静力岩性探测测量示意和曲线图

2. 自然伽马分量解释

岩土具有放射性，主要是由于含有铀、钍、锕及其衰变物和钾的放射性同位素 K_{19}^{40}，这些核素的原子核在自然衰变过程中能释放出大量的 α、β、γ 射线。自然伽马测量的就是地层岩石矿物中所含放射性同位素自然衰变过程中放射出的伽马射线强度，如图 6.23 所示。不同岩石矿物组成的地层所含放射性同位素类型与浓度各异，其放射性强度也不同。

因此，可以利用自然伽马测井来识别岩性、研究沉积环境及其他若干地质问题。

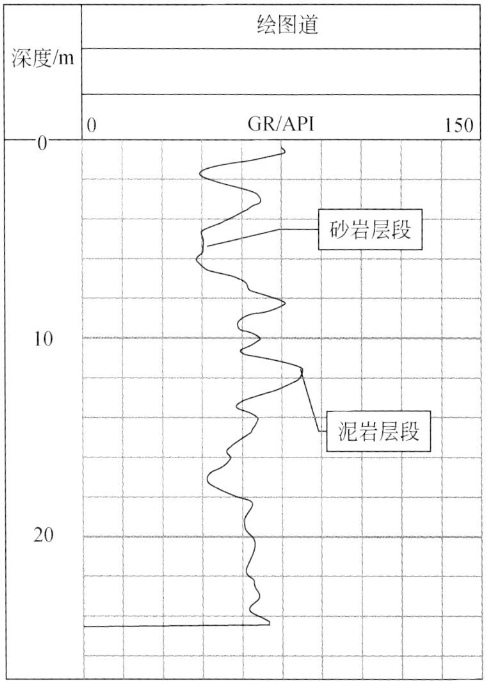

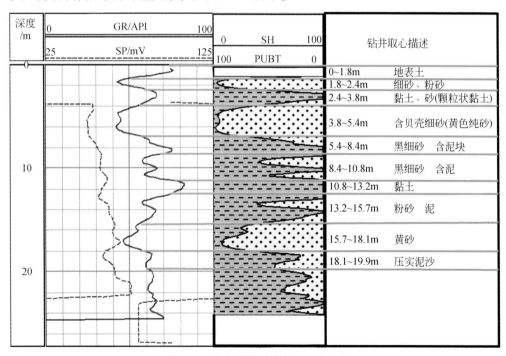

图 6.23　自然伽马测量曲线图

从牛庄地区的近地表测井试验资料与取心资料对比可以看出，自然伽马对地层岩性划分与取样资料有很好的对应关系，如图 6.24 所示。

图 6.24　牛庄地区测井与岩样资料图

　　对地震勘探来说，根据地层岩性对地震波能量的吸收和反射特性，浅表地层结构研究可将土类划分为砂、泥质砂、砂质泥、泥和淤泥。在自然伽马测井曲线上，一般泥以明显的高放射性显示出来，而且可以连成一条相当稳定的泥岩线，在砂、泥岩剖面上，纯砂 GR 值最低，黏土和泥 GR 值最高，泥质砂较低，泥质粉砂和砂质泥较高，即自然伽马随泥质含量的增加而升高。在油气田中常遇到的沉积岩的自然伽马放射性主要取决于泥质含量的多少，并且泥质含量越高，自然伽马放射性就越强，即自然伽马测量值越大。

　　在实际应用中，常采用自然伽马相对幅度的变化计算出泥质含量指数 I_{GR}：

$$I_{GR} = \frac{GR_{目的} - GR_{min}}{GR_{max} - GR_{min}} \tag{6.1}$$

式中，$GR_{目的}$ 为目的层自然伽马幅度；GR_{max}、GR_{min} 分别为纯泥、纯砂的自然伽马幅度。

　　一般情况下，锥尖阻力较小、侧壁摩阻力比较大的层段所代表的土层多为黏土层；而锥尖阻力大、侧壁摩阻力比较小的层段所代表的土层则为砂土层。此外，侧壁摩阻力与锥尖阻力的比值，即摩阻比 $R_f = f_s / q_c \times 100\%$，也是划分土层极好的参数，黏性土的 R_f 常大于 2%，而砂类土的 R_f 常小于或等于 1%。

3. 解释量板制作

　　通过近地表测井技术研究，形成了仪器研制、资料采集、处理和解释的整套技术，可以非常准确地求取东部老区近地表岩土类型，形成了近地表测井岩土类型划分量板。

　　淤泥：$q_c \leqslant 1.35$，$I_{GR} > 85\%$，q_c、f_s 曲线稳定平直，f_s 在 q_c 右侧。

　　泥：$R_f > 0.2973 q_c + 1.6$，$I_{GR} > 85\%$，q_c、f_s 曲线起伏变化缓慢，f_s 在 q_c 右侧。

　　砂质泥：$0.2973 q_c + 1.6 \geqslant R_f > 15.932 f_s + 0.5591$，$50\% < I_{GR} < 85\%$，$q_c$、$f_s$ 曲线短锯齿状或曲线呈麻花状交叉，f_s 在 q_c 右侧贴近 q_c。

　　泥质砂：$15.932 f_s + 0.5591 \geqslant R_f > 0.1013 q_c + 0.32$，$15\% < I_{GR} < 50\%$，$q_c$、$f_s$ 曲线短锯齿状或曲线呈麻花状交叉，f_s 在 q_c 右侧贴近 q_c。

　　砂：$R_f \leqslant 0.1013 q_c + 0.32$，$q_c > 2$，$I_{GR} < 15\%$，$q_c$、$f_s$ 曲线不稳定，长锯齿状，曲线起伏较大，f_s 在 q_c 左侧。

6.5　地震子波识别岩性

　　地震子波是地震记录褶积模型的一个分量，通常指由 2 个或 3 个或多个相位组成的地震脉冲。确切地说，地震子波就是地震能量由震源通过复杂的地下路径传播到接收器所记录下来的质点运动速度（陆上检波器）或压力（海上检波器）的远场时间域响应。

　　子波的提取非常重要，它对地震资料处理中的反褶积非常关键，同时，对研究地震波激发条件和空间传播规律也非常有用。

　　我们知道，地震记录可以被看成是地层的反射系数与子波的褶积。因此，要从地震记录中反演出地层信息，首先必须要有准确度较高的子波。子波在空间上既相对稳定又有所变化的。因此，子波的提取必须充分利用已有的各种资料和相关信息，综合考虑其特点和各种影响因素来建立相对稳定的空变子波剖面。

6.5.1　井旁道地震子波的提取方法

地震子波是一个波动，应具有直流分量为零或近似为零的特点，然而由于前期处理、计算方法及其他因素的影响，根据褶积模型直接反演得到的子波往往不能很好地满足这一条件，因此，在反演时应对子波的直流分量加以限制。同时，不同相位性质子波的起始时间不同。如零相位子波是对称的双边信号，在 $t=0$ 前后都有信号；而最小相位子波则是单边信号，仅在 $t=0$ 之后有信号。对同一段地震记录，当子波不同时，能够产生影响的反射系数段也不同。因此，应对由子波起始时间不同而造成的截断误差加以考虑。

设地震记录 $x(t)$ 的起止时间为 t_0 到 t_1，子波 $w(t)$ 的起止时间为 $-p$ 到 q。由于子波的时延特性，反射系数 $r(t)$ 不仅在 t_1 到 t_2 段对 $x(t)$ 起作用，而且在时间 t_1-q 到 t_2+p 之间的部分都会对 $x(t)$ 产生贡献。因此，考虑到截断效应的影响，在提取 t_1 到 t_2 这一时窗内的地震子波时，应使用 t_1-q 到 t_2+p 时间段的反射系数序列。特殊情况下，如当子波为最小相位时，$p=0$，而 $q>0$；当子波为零相位时，$p=q>0$。

一方面，根据子波直流分量为零的情况，应满足 $\sum\limits_{t=-p}^{q} w(t)=0$；另一方面，褶积模型又要求地震记录、反射系数和子波之间应满足 $x(t)=\sum\limits_{t=-p}^{q} w(\tau)r(t-\tau)$，实际应用时应使等号两边的平方误差最小，即

$$\sum_{t=t_1}^{t_2}\left[x(t)-\sum_{\tau=-p}^{q}w(\tau)r(t-\tau)\right]^2\to\min \tag{6.2}$$

同时考虑以上两方面的因素，可根据 Lagrange 乘子法建立以下条件极值问题的目标函数：

$$E=\sum_{t=t_0}^{t_s}\left[x(t)-\sum_{\tau=-p}^{q}w(\tau)r(t-\tau)\right]^2+2\lambda\sum_{t=-p}^{q}w(t)\xrightarrow{w,\ \lambda}\min \tag{6.3}$$

由 $\dfrac{\partial E}{\partial w}=0$ 和 $\dfrac{\partial E}{\partial \lambda}=0$ 求解，得到 w 的解为

$$w=(r^{\mathrm{T}}r)^{-1}\left[\ (r^{\mathrm{T}}x)\ -\lambda I\right] \tag{6.4}$$

式中，$(r^{\mathrm{T}}r)_{i+\varepsilon,\ j+\varepsilon}=\sum\limits_{t=t_1}^{t_2}r_{t-i}r_{t-j}$ 为反射系数的自相关矩阵；$(r^{\mathrm{T}}r)_{i+\varepsilon}=\sum\limits_{t=t_1}^{t_2}r_{t-i}x_t$ 为反射系数与地震道的互相关向量；w、r 和 x 分别为子波 $w(t)$、反射系数 $r(t)$ 和地震记录 $x(t)$ 的列向量，并且有 $\varepsilon=1+p$：

$$\lambda=\frac{L\ (r^{\mathrm{T}}r)^{-1}\ (r^{\mathrm{T}}x)}{L\ (r^{\mathrm{T}}r)^{-1}I} \tag{6.5}$$

式中，$I=(1,\ 1,\ \cdots,\ 1)^{\mathrm{T}}$，$I=(1,\ 1,\ \cdots,\ 1)$ 分别为 $(n×1)$ 的列向量和 $(1×n)$ 的行向量。常规意义下最小二乘法子波求取的目标函数为

$$\sum_{t=t_1}^{t_2}\left[x(t)-\sum_{\tau=-p}^{q}w(\tau)\tilde{r}(t-\tau)\right]^2\to\min \tag{6.6}$$

求得的结果为

$$w = (\tilde{r}^{\mathrm{T}}\tilde{r})^{-1}(\tilde{r}^{\mathrm{T}}x) \tag{6.7}$$

与式（6.3）相比，式（6.6）由于没有考虑直流分量条件的约束，因此式（6.7）与式（6.4）不同；同时公式中的反射系数向量的值也并不总是等于反射系数的真值，而是

$$\tilde{r}(t) = \begin{cases} r(t), & t_1 \leqslant t \leqslant t_2 \\ 0, & \text{其他} \end{cases} \tag{6.8}$$

式中，$r(t)$ 为反射系数的真值。特殊地，当满足 $\lambda=0$（此时无直流约束），且 $[t_1, t_2] \to (-\infty, +\infty)$ $[$此时 $\tilde{r}(t) \to r(t)]$ 时，式（6.4）才退化为式（6.7）。由式（6.5）和式（6.8）可知，通常情况下，$\lambda \neq 0$，$\tilde{r}(t) \neq r(t)$。由此可见，本章提出的反演方法综合考虑了直流分量和截断效应的影响，比常规的最小二乘法能够得到更为精确的结果，称为精确最小二乘反演法。利用该方法可以更为精确地求取井旁地震子波。

6.5.2　无井旁道地震子波的提取方法

对于无井道子波的提取，常规的方法是，如果测线上只有一口井，就使用同一个子波；如果测线上有多口井，就先分别求出各个井位上的子波，再在井与井之间对子波直接作线性内插，得到一个子波剖面。这样得到的无井道的子波没有考虑地震道本身的信息，不一定对该道非常合适。因而，也就很难保证反演结果的正确性。

由于地震记录是反射系数序列与子波的褶积，而反射系数又是全频带的，因而地震记录的带限性主要是子波的带限性而造成的。子波的振幅谱通常是光滑的，且具有一定的规律性。因此，可以在信噪比较高的地震有效频带内，借助数学工具，利用某一类型的曲线将子波的振幅谱近似地拟合出来。这种方法称为 Spectral Modeling 谱模拟法，谱模拟通常被用在反褶积处理中，以此来提高地震资料的分辨率，本章首次将它用在无井地震道子波振幅谱的提取中。

根据 Ricker 等的建议，拟合时选定如下类型的数学表达式：

$$|W(f)| = |f|^k \exp\left(\sum_{n=0}^{N} a_n f^n\right) \tag{6.9}$$

式中，k 为常数；a_n 为关于 f 的多项式的系数。即要求

$$|W(f)| \to |Y(f)| \tag{6.10}$$

其中，$|Y(f)|$ 为地震记录的实际振幅谱。

由于不同地震记录的振幅谱形态不一，因而 k 与 N 的取值不能固定。由试验得出，当 $1 \leqslant k \leqslant 7$ 时，拟合误差较小。若 N 的取值太小，曲线的拟合效果变差；若 N 的取值太大，计算速度降低，且容易产生溢出。

求解式（6.10）可以得出 a_n。对于确定的 N 和 k，式（6.9）可以得到子波的振幅谱。

实际上，为了保证地震道间子波相对稳定，应将各道求出的子波谱根据道间关系做一平滑处理，来作为输出结果，使子波的振幅谱在空间上具有渐变性和稳定性。实践证明，利用这种谱模拟方法得到的子波谱不是地震记录谱的简单包络线或平滑线。用上述拟合方法所得的振幅谱，对相应地震道做反褶积后的处理，所得结果具有反射系数的"有色特

征", 这说明模拟出的振幅谱与真实的子波振幅谱很接近。

6.5.3　子波剖面的求取方法

为保证在井旁道反演所得的子波和合成子波的一致性, 对于无井道在由振幅谱和相位谱合成子波时, 首先还需要设计一个匹配算子, 对模拟出的子波振幅谱进行映射处理, 并将处理结果作为该道子波的振幅谱。算子应使得井旁道模拟振幅谱的映射结果与反演提取子波的振幅谱相同。即对所有道:

$$W_1(f) = L\left[W_0(f)\right] \tag{6.11}$$

算子 L 应满足:

$$L\left[W_1^{\text{well}}(f)\right] = W_{\text{inv}}^{\text{well}}(f) \tag{6.12}$$

式中, $W_0(f)$ 为各道模拟出的振幅谱; $W_1(f)$ 为 $W_0(f)$ 映射后的像, $W_1^{\text{well}}(f)$ 为井旁道模拟振幅谱映射后的像; $W_{\text{inv}}^{\text{well}}(f)$ 为井旁道提取子波的振幅谱。显然, 当在同一测线上存在多口井时, 需要求得多个算子 L_i。实际应用时, 将每一个算子 L_i 都按式 (6.12) 作用到每一道上, 得到 $W_{1,i}(f)$, 然后根据地震道和井之间的反距离关系进行加权平均, 得到各道的 $W_1(f)$, 即

$$W_1^j(f) = \sum_i \left[a_i^j W_{1,i}^j(f)\right] \Big/ \sum_i a_i^j \tag{6.13}$$

$$a_i^j = \frac{1}{|D_i - D_j|} \tag{6.14}$$

式中, D_i 为各井的道号; D_j 为其余各地震道的道号。根据上述方法, 在同一测线上存在多口井时, 使用模拟的振幅谱和内插的相位谱可以合成空变的子波剖面; 当只有一口井时, 使用相同的相位谱和空变的振幅谱, 仍可建立空变的子波剖面。

6.5.4　近地表地震子波的求取和应用

从图 6.25 微测井岩性取心资料上看, A 点岩性纵向变化比较大, 0~3m 为粗砂, 3~10m 为含泥细砂, 10~13m 为含粉砂质板泥, 13~19m 为含生物贝壳泥沙, 19~30m 为粉砂泥沙互层。

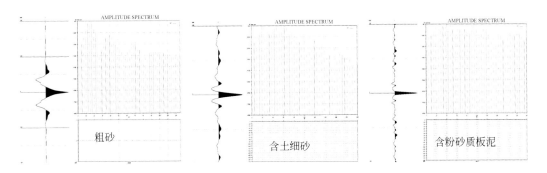

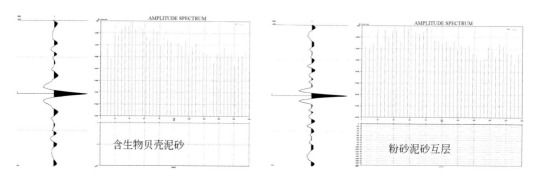

图 6.25　A 试验点不同岩性子波提取分析

　　我们提取了微测井资料不同激发井深的子波进行分析，不同岩性的子波提取分析显示，在 10 ~ 13m 含粉砂质板泥中激发，具备较好的子波特征形态，如图 6.26 ~ 图 6.28 所示。

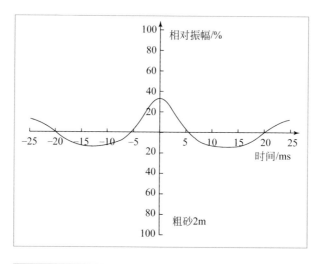

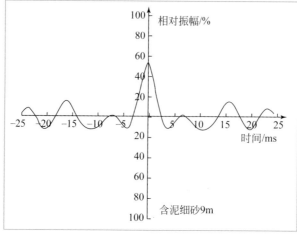

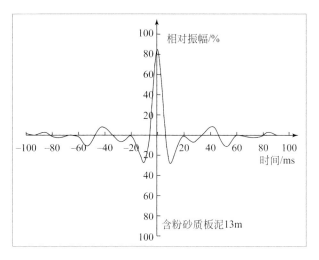

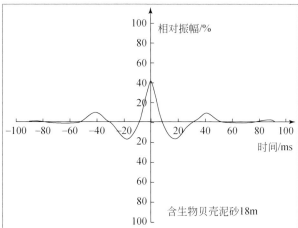

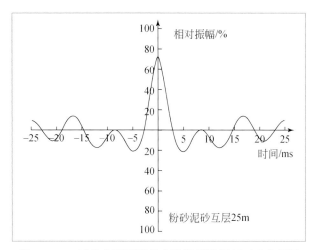

图 6.26   A 试验点不同岩性中激发子波振幅对比分析图

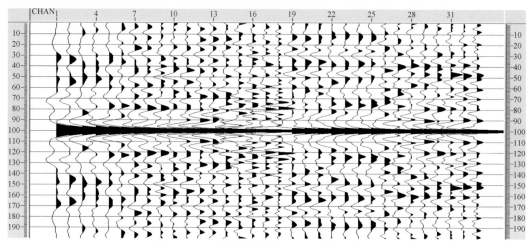

图 6.27　A 试验点微测井空变子波提取剖面

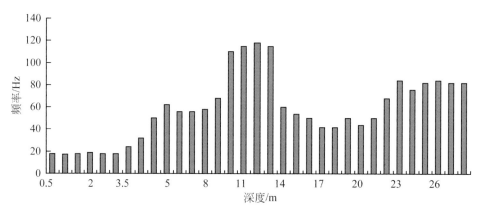

图 6.28　A 试验点微测井子波频率变化示意图

　　从上面微测井分析结果，对应四种井深的激发岩性进行分析来看，13m 井深药包在含粉砂质黏土中，激发效果最好，9m 含泥细砂和 25m 粉砂泥砂互层中激发效果次之。

　　从不同岩性中激发单炮的原始记录 60 ~ 120Hz、70 ~ 140Hz、80 ~ 160Hz 分频显示来看（图 6.29 ~ 图 6.31），在含粉砂质黏土中激发效果最好，含泥细砂和粉砂泥砂互层中激发的记录次之；从频谱分析来看，含粉砂质黏土中激发在 2800 ~ 3000ms 处主频仍能达到 30Hz，其他三种岩性中激发主频在 25Hz 左右，在粉砂质黏土中激发频宽更宽。

　　实际资料分析，通过对地震子波提取可以更加精确地确定近地表最佳激发岩性，对优选激发井深具有极强的指导意义。

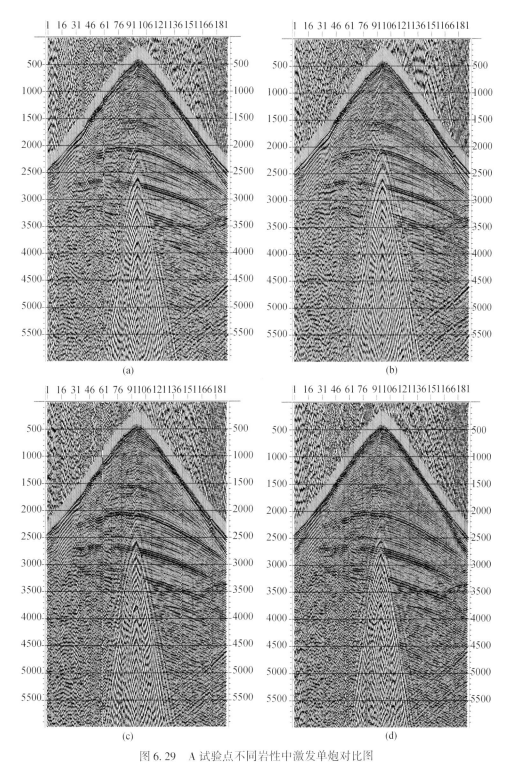

图 6.29　A 试验点不同岩性中激发单炮对比图

（a）含泥细砂；（b）含粉砂质黏土；（c）含生物贝壳泥沙；（d）粉砂泥沙互层

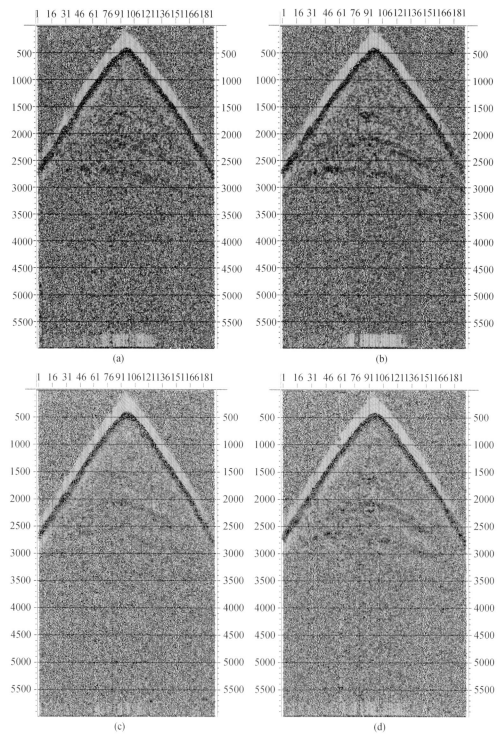

图 6.30　A 试验点不同岩性中激发单炮分频扫描 80~160Hz 对比图

（a）含泥细砂；（b）含粉砂质黏土；（c）含生物贝壳泥沙；（d）粉砂泥沙互层

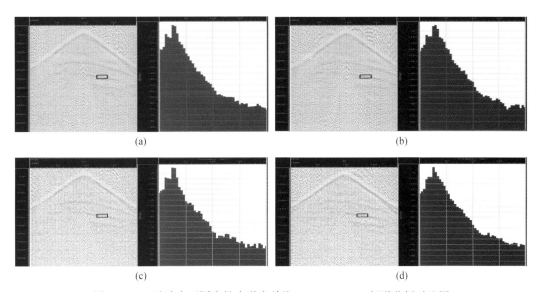

图 6.31　A 试验点不同岩性中激发单炮 2800～3000ms 频谱分析对比图

（a）含泥细砂 9m；（b）含粉砂质板泥 13m；（c）含生物贝壳泥沙 18m；（d）粉砂泥沙互层 25m

第7章　近地表速度精细探测方法

近地表速度是近地表最重要的参数之一，以往采用小折射、微地震测井等常规方法求取近地表低降速带的速度，并根据纵波速度变化对近地表低速层、降速层、高速层进行划分。本章在详细介绍常规方法的基础上，对多波三分量法、面波法求取低降速带的横波速度及分层进行详细分析，全面探测近地表的速度特征。本章对不同的方法进行详细介绍。

7.1　小折射方法

小折射方法是表层结构调查中常用的速度探测与分层方法。该方法的原理是利用人工激发的地震波在近地表介质中传播时发生折射，根据仪器记录的折射波到达检波器的时间，求取地下介质速度的空间分布特征。

7.1.1　方法原理

根据折射波基本理论，当地震波以临界角投射到地下折射界面（满足条件 $V_n < V_{n+1}$）时，产生沿界面滑行的折射波，折射波时距曲线为一直线。

图7.1为一个水平层的简单模型及直达波和折射波时距曲线，低速层的厚度为 Z，速度为 V_1，下伏地层的速度为 V_2，O 点为激发点。

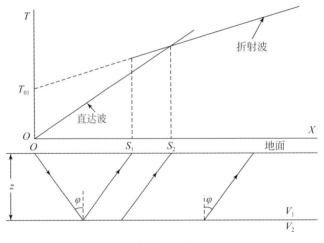

图7.1　小折射原理示意图

当入射波以临界角 φ 入射到水平折射界面上时，产生沿界面滑行的折射波，并以角度

φ 返回到地面，S_1 为接收到折射波的第一个点，OS_1 是折射波的盲区，接收不到折射波。

$$X' = OS_1 = 2Z\tan\varphi = \frac{2Z\sin\varphi}{\cos\varphi} \qquad (7.1)$$

式中，X' 为盲区半径；Z 为折射界面的深度；$\varphi = \arcsin\ (V_1/V_2)$。

在盲区以外虽然可接收到折射波，但不一定能形成初至。从图 7.1 看出，只有在大于 S_2 处，折射波的时间才小于直达波的时间，才能形成初至，OS_2 为超前距离。

$$OS_2 = 2Z\sqrt{\frac{V_1+V_0}{V_1-V_0}} \qquad (7.2)$$

折射层的时距曲线方程为

$$t = \frac{x}{V_2} + \frac{2Z\cos\varphi}{V_1} \qquad (7.3)$$

因盲区内折射波不存在，t_{01} 是把折射波时距曲线向 $x=0$ 处延长，与 t 轴相交而得，故 t_{01} 又称交叉时。若根据时距曲线得到速度及交叉时，便可求得厚度值 Z：

$$Z = \frac{V_1 t_{01}}{2\sqrt{1-\left(\dfrac{V_1}{V_2}\right)^2}} \qquad (7.4)$$

对于多层介质，类似地可以根据速度及交叉时自上而下求取各层的厚度。

$$Z_n = \left[\frac{t_{0n}}{2} - \sum_{j=1}^{n-1} \frac{Z_j\cos\alpha_j}{V_j}\right] \times \frac{V_n}{\cos\varphi} \qquad (7.5)$$

式中，Z_n 为第 n 层的厚度；Z_j 为第 $n-1$ 层的厚度；t_{0n} 为第 n 层的交叉时

$$a_j = \arcsin\ (V_1/V_2) \qquad (7.6)$$

7.1.2　观测系统与施工方法

小折射施工方法应根据地区表层条件、近地表结构特点确定，常用的采集方法有单支观测法、相遇观测法、移动排列追逐法和移动炮点追逐法。

施工中小折射一般采用 24 道接收（接收道数可增加，主要是受小折射仪器接收道数的限制），其排列长度与该地区的低降速带厚度有关，排列长度一般为低降速带厚度的 8～10 倍，偏移距的选取应避开破碎半径。

接收排列接收点间距的选择，根据了解到调查地区的表层资料来设计排列长度，原则是保证每个层有 4 个点来控制。在施工过程中，若接收不到浅层折射波，可在现场调整观测系统，其原则是保证不同速度层至少有 3 个或 4 个控制点。

（1）单支观测法：一般应用于地表平坦，折射界面倾角很小的地区。

观测系统（图 7.2）：炮点位于排列的一端，放炮数量为 1，一般靠近炮点的道距较小，远离炮点的道距较大，以保证直达波和每一层的折射有足够的观测点。

接收因素：采用单个检波器地表埋置，埋置做到平、稳、正、直、紧。

激发因素：一般采用炸药激发、坑炮激发，药量为 0.5～2kg，以保证初至起跳干脆为原则。

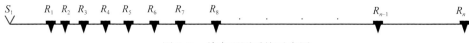

图 7.2   单支观测系统示意图

（2）相遇观测法：是一种最常用的方法，一般使用于复杂地表区，允许折射界面有倾角。

观测系统（图 7.3）：接收排列的道距一般为两头密，中间疏，且对称分布，在排列的两端各放一炮。

接收因素：采用单个检波器地表埋置，埋置做到平、稳、正、直、紧。

激发因素：一般采用炸药激发，坑炮激发，药量为 0.5～2kg，以保证初至起跳干脆为原则。

图 7.3   相遇观测系统示意图

（3）移动排列追逐法：一般用于低降速带较厚，采用一个排列的长度追踪不到高速层折射波的地区。两炮合成一支记录，四炮组成一个点的成果。

观测系统（图 7.4）：排列位置 1 对应的炮点为 S_1 和 S_2，排列位置 2 对应的炮点为 S_3 和 S_4。炮点 S_1 和 S_3 的位置是重合的，炮点 S_2 和 S_4 的位置是重合的，施工过程中需搬动一次排列，由位置 1 到位置 2，两次排列的位置可以重合或不重合。不重合时，以不丢失折射层为原则。最终成果为两个排列之和的中点位置。

移动排列追逐法需要在施工过程中移动一次接收排列，两次摆放的排列要在一条直线上，施工方法比较复杂。

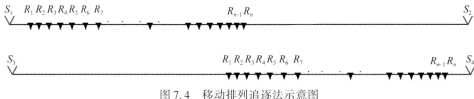

图 7.4   移动排列追逐法示意图

（4）移动炮点追逐法：当在低降速带厚度大，采用单支观测法和相遇观测法一个排列的长度追踪不到高速层时，就可以采用移动炮点追逐法。

观测方法（图 7.5）：与移动排列追逐法类似，只是排列不动，移动炮点位置来得到低降速带较厚地区的高速层折射波。每一个点的成果为 4 炮，炮点 S_1 和 S_3 合成左支的记录，炮点 S_2 和 S_4 合成右支的记录，这样利用移动炮点的方法来加大观测段的长度。最终成果为排列的中点位置。

图 7.5   移动炮点追逐法示意图

7.1.3　资料解释方法

小折射资料解释可采用人工解释和人机交互解释，两种方法的解释原理是完全相同的。但是，当采用追逐放炮时，首先准确读取小折射记录的每道初至值，然后根据小折射的观测系统数据，绘制出时（间）距（离）曲线，该曲线为浅层折射时距曲线。根据时距曲线的斜率求取各层的速度和交叉时，根据以下公式计算出各层的厚度。

$$h_0 = \frac{V_0 t_1}{2\sqrt{1-\left(\dfrac{V_0}{V_1}\right)^2}} \tag{7.7}$$

$$h_1 = \frac{V_1 t_2}{2\sqrt{1-\left(\dfrac{V_1}{V_2}\right)^2}} - \frac{V_1 t_0}{V_0} \times \frac{\sqrt{1-\left(\dfrac{V_0}{V_1}\right)^2}}{\sqrt{1-\left(\dfrac{V_1}{V_2}\right)^2}} \tag{7.8}$$

采用追逐放炮时，首先将各炮记录按照偏移距合成一张记录，再利用上述方法进行速度、厚度解释。

在表层厚度大的地区，可以采用小折射加大炮初至的方法进行解释。

7.1.4　小折射方法适应性

采用小折射方法进行表层结构调查，在地形条件好的情况下，优点是野外施工比较方便，施工效率高；缺点是受地表和表层条件影响大，需要平坦的地表来摆放排列，地表高差不能超过 1m。当近地表存在高速夹层时，就不能得到齐全准确的表层结构数据。该方法可利用速度进行近地表结构分层，但当折射层太薄、速度差太小或存在速度反转等情况时，折射方法误差比较大。

7.2　单井微地震测井方法

7.2.1　方法原理

微地震测井是利用多次激发而得到的透射波时距曲线的拐点和折射段的斜率来求取低速层、降速层的速度和厚度。微地震测井是一种比较准确的近地表速度分层方法，能较为精确地获得表层结构的厚度与速度。

7.2.2　野外工作方法

单井微地震测井方法根据激发、接收方式的不同又可分为井中激发地面接收和地面激发井中接收（图7.6）。

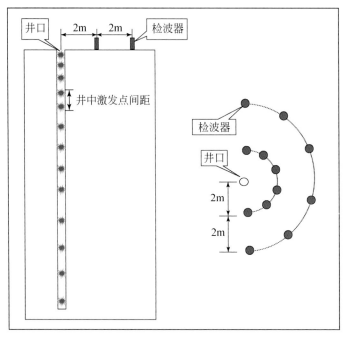

图 7.6　单井微地震测井工作方法图

　　单井微地震测井是打一口穿透低降速带的深井，在井中不同深度布设激发点或接收点，在井口附近布设接收点或激发点。其井深的确定应该结合以往表层调查资料，或者在做微地震测井之前先进行小折射调查，根据小折射来确定井深，在潜水面以下20m左右，保证每个层必须有4个控制点。

　　当采用地面激发井中接收时，井中接收的检波器可以是一个或几个，各检波器有一定的距离，激发的次数也可以是一次或多次。每激发一次，井中检波器向上提升一段距离，直至地表。该方法需要专用的井中接收电缆，因此目前常采用的是井中激发地面接收方法。在井中激发地面接收时一般采用4～12道接收，每道一个检波器，检波器的排列多种多样，一般采用十字图形，保证每道检波器在一个平面上，井检距一般采用1～6m，井中激发点的间距要考虑到介质的速度、厚度、检波器的灵敏度、仪器的采样间隔、动态范围等，激发点的间距太大会造成控制点数减少甚至丢层，反之冗余的采样会造成浪费。一般是浅层间距小，激发间距为0.5～1m，中层间距为1～2m，深层间距为2～4m。

　　与小折射相比，单井微地震测井的精度比较高，比较直观地反映近地表的变化，其缺点是施工效率比较低，施工成本比较高，得到的解释成果只是一个点上的资料。微地震测井可以比较直接地研究低降速带的变化，比小折射方法要精确得多。如果钻井足够深，能测定速度反转层。微地震测井方法是比较实用、准确的表层结构调查方法，也是测定近地表纵波速度较为精确的方法。

7.2.3　资料处理解释

1. 接收道的选取

地面接收时一般选取井检距 2～6m 范围的接收道，且初至无干扰，起跳干脆。井中接收时选取所有的正常工作道。

2. 垂直 T_0 时间转换

将每道的初至时间按照式（7.9）转换为垂直时间。

$$T_{0i} = \frac{t_i H_i}{\sqrt{H_i^2 + d^2}} \qquad (7.9)$$

式中，T_{0i} 为 i 点的垂直时间；t_i 为 i 点的初至时间；H_i 为激发点（或接收点）i 的深度；d 为井检距（或炮井距）。

3. 时深解释

将转换后的垂直时间和对应的深度绘在时间–深度坐标系内，当不同深度点位于同一速度层内时，点的分布为一直线，不同速度层对应的直线斜率不同。根据其分布规律，划分出各层的位置，每一层用最小二乘法拟合直线，直线斜率的倒数为介质的层速度，两直线的交点为介质的分界面。图 7.7 为时深解释示意图。

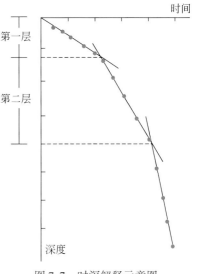

图 7.7　时深解释示意图

7.3　双井微地震测井方法

7.3.1　方法原理

双井微地震测井是打两口较深的井，一口是激发井，另一口是接收井。一般是接收井的井底和井口各放置一个检波器，激发井中每隔 1m 放置一个雷管，自下而上激发，不仅可以根据单井微地震测井求取低降速带的速度、厚度参数，还可以根据虚反射界下的反射波确定虚反射界面（图 7.8）。这种方法对求取虚反射界面是相当准确的，根据虚反射界面的深度可以合理地选择激发井深，使激发产生的地震波不受虚反射的影响，具有较高的频率。

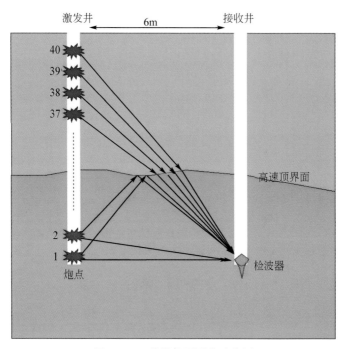

图 7.8　双井微地震测井示意图

双井微地震测井能够较准确地获得虚反射界面，为井深的选择提供理论依据。当井口与井底之间有虚反射界面时，就有可能形成虚反射。例如，在双井微地震测井中，由井底激发，井底检波器首先接收到的是直达波，其次接收到的是由虚反射界面反射回来的反射波，这样第一道接收到的直达波和虚反射之间有一个时差。随着井中激发点的向上移动，激发点距离虚反射界面变近，使得直达波和虚反射波之间的时差变小。最后在虚反射面上激发时，直达波与虚反射波之间的时差等于零。这时直达波与虚反射波的同相轴就相交，交点的深度就是虚反射界面的深度。

7.3.2　施工方法

双井微地震测井的野外采集通常采用一般的地震仪器，也可以利用小折射仪采集，如GDZ24，但需要把 SEG-2 数据格式转化为 SEG-Y 数据格式，施工方法如图 7.8 所示。两井相距一般为 5~10m，两井井深相同，选择在潜水面以下 20m。一口井为放炮井，另一口井为接收井，激发井中激发点的间隔要相同，一般是每间隔 1m 为一个激发点，激发药量要相同，接收井的井底和井口均放置一个检波器，也可以在地面再多放几个检波器。

7.3.3　资料解释方法

双井微地震测井资料解释一般分为两个方面，一方面参照单井微地震测井解释方法进行处理，求取低降速带的速度和厚度，在此不再叙述；另一方面求取虚反射界面，在此重点讲述虚反射界面的求取方法。

利用处理软件将井口和井底接收道按不同的井深排序合成一个道集。在井底检波器的道集记录中可以分辨出直达波和虚反射波的交点，该交点就是虚反射界面。根据所对应的激发点深度，从而获得虚反射界面的深度（图 7.9）。

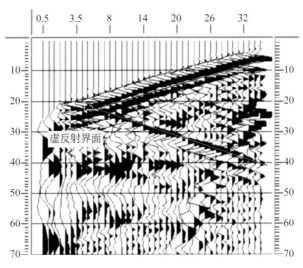

图 7.9　双井微地震测井记录

7.4　瑞利波方法

面波法是利用瑞利波的频散特性研究表层结构的方法。在水平层状介质中，不同频率的瑞利波有不同的波长，其相速度 V_R 的变化反映了不同深度内介质的平均性质的改变。从观测的瑞利波资料中，提取出瑞利面波的频散曲线，由此确定出表层介质的厚度和速度参数。同时由于面波速度与横波速度有一定相关性，所以它在解决横波或转换波静校正问题方面有一定优势。

在面波勘探中，根据震源、接收方式和资料处理方法不同分为稳态面波法和瞬态面波法。稳态面波勘探是在地面使用稳态震源以固定频率激发垂向简谐振动，瑞利面波以单频谐波的方式传播，在地面用检波器接收面波，根据相位差或时间差法计算这一频率面波的速度 V_c。改变震源的频率，重复测量和计算，即可得到不同频率的面波速度，从而获得 V_c-f 曲线；或者根据波速、频率和波长的关系，换算成 V_c 曲线。稳态面波法资料处理简单直观，观测结果准确，受其他类型地震波的干扰较小。但对震源的要求较高，需要能产生稳定的、可调控频率的、仅发射单一频率的机械震源。瞬态面波法勘探利用瞬态冲击力作震源激发面波，地表在脉冲荷载作用下，产生波动。在离震源稍远处，用传感器记录面波的垂直分量。对记录的面波信号作频谱分析和处理，计算并绘制 V_R 频散曲线，根据频散曲线特征分析探测近地表结构，本节就常用的瞬态方法进行分析。

7.4.1　面波法原理

面波分为瑞利波和勒夫波,而瑞利波在振动波组中能量最强、振幅最大、频率最低,容易识别也易于测量,所以面波勘探一般是指瑞利波勘探。瑞利波的能量只分布在地面附近,传播深度约一个波长。在两层及多层分层介质中,无论是瑞利波还是勒夫波,其相速度都随频率变化,这就是面波的频散特性。利用该性质,可以求得瑞利波频率与速度关系曲线(频散曲线)。试验表明,瑞利波某一波长的波速,主要与深度小于该波长一半的地层物性有关,所以用一定波长的瑞利波速度可解释一定深度地层物性。

层厚和横波速度是瑞利波频散的主要因素,反演瑞利波频散数据可以得到实际可用的近地表横波速度剖面。根据横波速度和地层物性关系也可进行地质解释。

在波的传播方向上布设 A、B 两个检波器,道间距 Δx,瑞利波频率为 f_i,到达两检波器时间差 Δt,或相位差 $\Delta \varphi$,则在两个检波器间瑞雷波传播速度为

$$V_R = \frac{\Delta x}{\Delta t} \text{或} \ V_R = 2\pi f_i \frac{\Delta x}{\Delta \varphi} \tag{7.10}$$

根据式(7.10)只要知道 A、B 两测点间的距离 Δx 和每一频率的相位差 $\Delta \varphi$,就可以求出每一频率的相速度 V_R,从而可以得到勘探地点的频散曲线。

7.4.2　面波数据采集

瞬态面波法的数据采集方式与反射波法或折射波法相似。面波采集一般采用常规地震勘探中的共炮点排列,在勘探深度较小的情况下(小于50m),可采用锤击震源、落重震源或炸药震源,野外工作方便简单。

共炮点排列一般选择 12~24 个地震道,用低频检波器接收面波的垂直分量,记录点设在整个排列的中点,由此排列获得的频散曲线实际上是整个排列下方和一定深度范围内介质面波速度的综合反映。在场地条件允许的情况下,尽量采用多个检波器采集数据。为了保证激振的频率成分能够满足需要的勘探深度范围,就要设计合适的偏移距、道间距及仪器的各种采集参数。这些采集参数应根据野外现场试验工作而定,即在分析干扰波调查剖面的基础上,选取面波采集参数。

瞬态面波法的震源多用锤击或落重,敲击置于地面的垫板。为了获得对应于不同深度的波速,要求震源能产生各种频率成分的波。测试浅地层时应激发高频率波,用小锤或较轻的大锤锤击地面的垫板获得高频信号并采用小道间距;测试深度大时则相反。

7.4.3　资料解释与分析

面波频散曲线反映了面波排列范围内面波波速随深度的变化,因此,对于不同类型的频散曲线进行分析解释,可推断其对应的近地表模型。

1. 面波法资料解释

根据同一地段测量出一系列频率的 V_R，就可以得到一条 $V_R\text{-}f$ 曲线。通过对频散曲线进行反演解释，可得到地下某一深度范围内的地质情况和不同深度的面波传播速度 V_R。另外，V_R 的大小与介质的物理性质有关，据此可对某些岩土的物理性质做出评价。

2. 近地表地层结构类型与频散曲线特征

在利用面波描述地层结构的变化时，可以将地层归纳为 4 种类型，在不同类型的地层上激发的面波频散曲线，具有不同的特征。

1）横波速度逐层增高

在由表层向底层横波速度逐层增高的情况下，面波的大部分能量分布在基阶模态中，在时间空间域各道面波波形随距离增大而平缓衰减，不见明显的高阶模态面波（高视速度）干涉现象。在频率–波数谱中，主要能量都集中于基阶模态面波。随距震源的距离增大，面波能量中长波长（反映更大深度）的比重也增大。在这种地层分层结构情况下，时距窗口的设置和基阶模态数据的提取都比较容易，并可以得到稳定的结果。速度逐层增加的三层大地上的基阶模态面波理论频散曲线如图 7.10 所示。

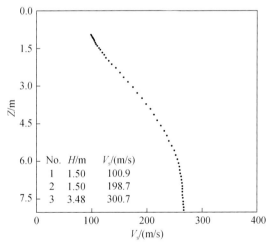

图 7.10　速度逐渐增高的基阶频散曲线

2）底层横波速度最高，中间某层为低速层

当近地表某一中间层为低速层时，面波的能量分布不再集中于基阶模态，能量分布于各阶模态中，并随频率变化。在这样的地层结构上，时间–空间域各道面波波形随距离增大出现明显的高阶模态面波（高视速度）干涉现象，基阶模态面波频散曲线出现速度倒转，曲线回折现象（图 7.11）。而频率–波数谱中会出现两个或多个很强的高阶模态面波能量峰值。离震源的距离增大，长波长（反映更大深度）面波的能量比重增大，时间–空间域中高阶面波和基阶面波逐渐分离。

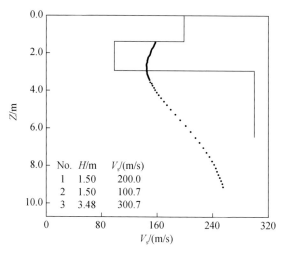

图 7.11　中间为低速层的基阶模态面波频散曲线

在这种地层分层结构条件下，必须更多地考虑到减少高阶面波能量对提取基阶频散数据的影响，一般采用以下两种方法：①在时间-空间域采用更适应于突出基阶模态面波的时距窗口。②在采集时使用更多的记录道，提高频率波数谱的分辨能力。

在实际工作中，只有低速层的厚度足够大时，才能获得类似图 7.11 所示的频散曲线。一般有低速层存在时，特别是有低速薄层存在时，高阶模态面波在某些频率范围内的能量高于基阶模态面波，根据面波的最高能量提取的频散曲线不可能是纯粹的基阶面波。图 7.12 为在地层深度为 15~20m，存在软弱夹层时的频散曲线，夹层厚度约 1m。在频散曲线出现"之"字形异常的深度上大致对应软弱夹层的深度位置。

有"之"字形异常存在时，无法应用基阶模态面波的理论解释频散曲线。但这一特征也反映出地下有低速薄层存在。可以应用频散曲线的"之"字形异常寻找低速薄层或软弱滑坡面。

3）表层为横波高速层，下部为低速地层

当表层为横波高速层时，面波的能量分布也不再集中于基阶模态，而分布于各阶模态中，随频率变化。在这样的地层结构上，时间-空间域各道面波波形随距离增大出现明显的高阶模态面波（高视速度）干涉现象；而频率-波数谱中的能量则分布于所有各阶模态面波中。在频率-波数谱图上很难提取基阶模态面波。

用跨模态拾取极大值方法得到频散数据曲线（图 7.13）。在长波长的范围内，主要是基阶模态面波的相速度，基本反映了高速覆盖层下土层的波速特征。在短波长范围内，相速度点来自各个高阶面波。对于高速覆盖型的地层，应该利用多模态的面波频散数据来研究地层断面，拾取的跨模态面波频散数据，可以定性地反映地层波速断面，而定量的分层波速参数，还需要采用多模态频散数据的反演方法才能得到。目前的多道面波反演方法不适于解释这种地层结构问题。

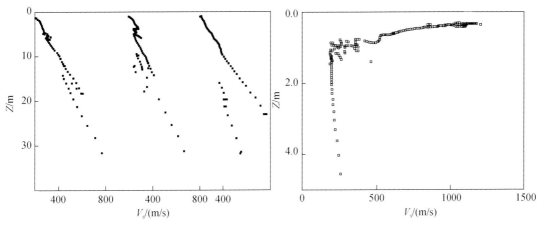

图 7.12　软弱夹层上的频散曲线　　　　　　图 7.13　高速覆盖层上的跨模态频散曲线

4）非水平地层

面波波速的频散现象，反映了与波长相应的深度范围内地层的弹性分布。地层的弹性参数分布越不均匀，面波频散的表现也越复杂。对于横向不均匀的地层，面波的频散数据更为复杂，并不容易定量解释。但在一些特定的地层条件下，如有局部地质体（如空洞）存在，频散曲线出现可以识别的特殊频散特征，从而定性划分出地层的横向变化。

在存在空洞或软土层的情况下，高阶面波能量增强，但又不能完全与基阶面波分离，从而频散曲线为高阶面波、基阶面波混合的形态。频散曲线上呈现出多次重复、曲线回折、深部无面波信号等现象。如图 7.14 所示，测点未进入空洞上方范围时，频散曲线形态相当于水平地层情况，测点进入空洞上方范围后，频散曲线形态有明显的异常。

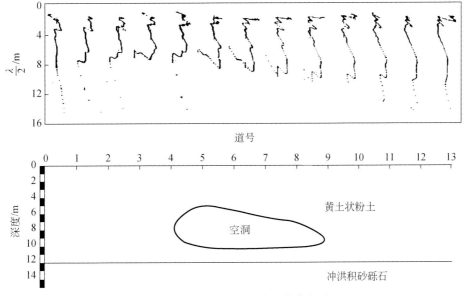

图 7.14　空洞存在时面波频散曲线图

7.4.4　面波法适应性

利用面波法测试浅层岩性界面是可行的，优点是该方法精度较高同时成本较低，缺点是其探测深度受到一定限制，如果能在深度上取得突破，该方法完全可以对较厚的近地表地层结构进行速度调查并分层，大大降低野外探测成本。

7.5　三分量多波方法

近年来，随着多波多分量地震勘探的逐步推广展开，需要利用近地表的一些横波参数进行水平分量资料处理，前面几种方法主要介绍了如何求取纵波波速，本节将介绍如何应用三分量多波法求取横波参数，主要叙述三分量微测井多波法的勘探原理、野外采集方法和资料处理解释方法。

7.5.1　方法原理

三分量微测井多波法一般采用地表激发单孔井中接收法，即地面激发以产生弹性波，孔内由三分量检波器接收弹性波。当地面震源采用叩板时可正反向激发，并产生 S_h 波（S 波的水平分量，其传播速度与 S 波相等），利用剪切波震相差 $180°$ 的特性来识别 S 波的初至时间；在孔口附近垂向激发产生 P 波。根据下式可计算出 V_s 和 V_p。

$$V_{is} = \frac{\sqrt{(h_{i+1}^2 + l^2)} - \sqrt{(h_i^2 + l^2)}}{t_{i+1} - t_i} \tag{7.11}$$

$$V_{ip} = \frac{h_{i+1} - h_i}{tp_{i+1} - tp_i} \tag{7.12}$$

式中，h_i、h_{i+1} 分别为测试点 i、$i+1$ 至孔口的垂直距离；l 为板中心到孔口的水平距离；t_i、t_{i+1} 为剪切波波在两个不同深度时的走时；tp_i、tp_{i+1} 为纵波在两个不同深度时的走时。

压缩波（P 波）与剪切波（S 波）具有以下明显的特征，并根据此特征来识别它们：

（1）P 波传播速度较 S 波速度快，P 波为初至波；

（2）在激振板两端分别作水平激发时，S 波相位反向，而 P 波相位不变；

（3）在距井口一定深度后，P 波振幅变小，频率变高，而 S 波幅度相对较大，频率相对较低；

（4）最小测试深度应大于震源板至孔口之间的距离，以避免浅部高速地层界面可能造成的折射波影响。

7.5.2　三分量微测井采集方法

横波微测井方法与单井微测井方法类似。采用锤击上压重物的木板为震源激发 S 波，木板长轴方向对准测试孔中心，竖直锤击水平放置在地表的木板为激发 P 波，孔心与木板间距一般为 1~2m，三分量检波器设置在测试孔内，自下而上每间隔 1m 观测一次，遇地层界面时需加密观测。观测时采用充气气囊挤压方式贴壁，采样间隔 0.25ms（图 7.15）。

7.5.3　三分量多波法资料分析方法

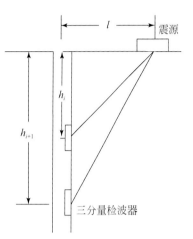

图 7.15　多波微测井示意图

利用横波微测井获得的三分量记录分离出横波和纵波，分别利用纵波和横波信息开展近地表结构调查工作。首先，利用 x，y 分量偏振合成 P 波，并求出其在水平面内投影 H_p，再用 z、H_p 分量偏振合成 S_v 波，最后拾取 S_v 波的初至，求取近地表的横波速度。

1. 利用 x、y 分量偏振合成 P 波的水平投影 H_p

从震源传到三分量检波器的第一个直达 P 波，其质点运动方向和波的传播方向一致，在由震源和检波点确定的垂直平面内，这种直达 P 波的偏振是线性的，它在水平面内的投影也是直线（DiSiena and Gaiser，1983）。这样，就可以用直达波偏振方向在水平面内的投影作为参考，测出三分量检波器观测时水平分量的相对方位，并可将观测到的水平分量的信号转换到以直达 P 波偏振方向在水平面内投影为参考的一致坐标系。图 7.16 是水平分量 x、y 的轴向和直达 P 波的水平投影。

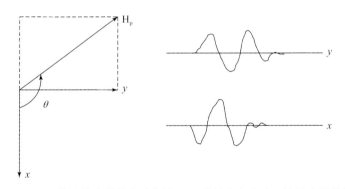

图 7.16　三分量检波器的水平分量 x、y 的轴向和直达 P 波的水平投影

图 7.17 是观测的水平分量（x 和 y）转换到以 H_p 为参考的一致坐标系（x' 和 y'）的图形。转换公式为

$$x'=x\cos\theta+y\sin\theta \tag{7.13}$$
$$y'=-x\sin\theta+y\cos\theta \tag{7.14}$$

在水平面内有多种确定线性偏振信号方位的方法。

1）最简单的关系式

设直达 P 波水平投影 H_p 的两正交分量为 x 和 y，则有计算偏振角的关系式：

$$\theta=\arctan\ (y/x) \tag{7.15}$$

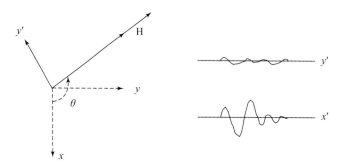

图 7.17　水平分量转换到以直达 P 波水平投影 H_p 为参考的一致坐标系后的图形

考虑到傅氏变换，对于每一频率（ω）分量，有关系式：

$$\theta\,(\omega)\,=\,\arctan\,\left[\,y\,(\omega)\,/x\,(\omega)\,\right] \tag{7.16}$$

因为地震记录常由宽频、时变、相互迭合的信号组成，所以这种简单的关系式并不实用，而要用某种统计方法。

2）矢端曲线和能量准则

矢端曲线是一种表示直达波水平分量取向的直观图示方法，图 7.18 是某道偏振合成前的两水平分量记录，图 7.19 是 112.5 ~ 150ms 时窗内的信号对应的矢端曲线。

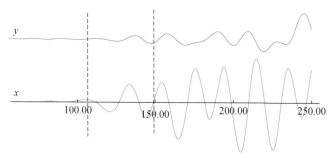

图 7.18　某道偏振合成前的两水平分量记录

在时窗内以 $\Delta t = 0.25\mathrm{ms}$ 为间隔，顺序地取一对样值（x_i，y_i），将这些样值按坐标点在图上连成曲线，就画出矢端曲线。可以看出，图中有一幅度极大的方向，并可估计出偏振角大约为 8°。矢端曲线的所有点不完全在一条直线上，看起来有些视椭圆极化，这是续至波的干扰和误差等原因造成的。

偏振角 θ 也可以根据能量准则解析求出，设能量的表达式为

$$E(\theta) = \sum_i \left(x_i\cos\theta + y_i\sin\theta\right)^2 \tag{7.17}$$

式中，i 为从时窗起点到时窗终点所编的序号。能量取极大值的必要条件是

$$\frac{\partial E(\theta)}{\partial \theta} = 0 \tag{7.18}$$

从而可求出：

$$\sin 2\theta \sum_i \left(y_i^2 - x_i^2\right) + 2\cos 2\theta \sum_i x_i y_i = 0 \tag{7.19}$$

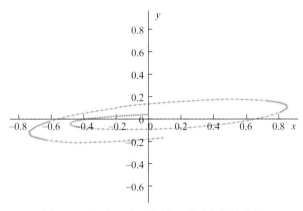

图 7.19　根据两水平分量记录画出矢端曲线

或

$$\tan 2\theta_{max} = \frac{2\sum_i x_i y_i}{\sum_i (x_i^2 - y_i^2)} \tag{7.20}$$

按式（7.20）可解出偏振角 $\theta = \theta_{max}$。

3）能量加权的瞬时方位直方图法

随（x_i，y_i）而变的矢端曲线也可以用瞬时能量 R_i 和瞬时方位 θ_i 写出，即

$$R_i^2 = x_i^2 + y_i^2 \tag{7.21}$$

$$\tan\theta_i = \frac{y_i}{x_i} \tag{7.22}$$

如果作出能量对 θ_i 的直方图，图上会有一峰值，峰值对应的方位角 θ 即偏振角。为了避免角度 θ_i 在 x_i 和 y_i 值较小时对噪声敏感，要用 R_i 或 R_i^2 对直方图进行加权。

直方图的做法与通常的做法稍有不同，设

N＝数据分类的组数；

$\Delta\theta = 180°/N$＝组的宽度（以度为单位）；

B_1＝中心为零度的组按能量加权的"频数"；

B_j＝中心位于（$j-1$）$\Delta\theta$ 的组按能量加权的"频数"，式中 $j = 1 \sim N$；

W_i＝权重（1 或 R_i 或 R_i^2），i 为离散值序号，取值范围为所选时窗。

这种直方图方法是一种改进的确定偏振角的方法，因为它对时窗的大小、组的宽度和噪声都很不敏感（朱光明，1988），精度可达 2°～3°，进行偏振合成计算时所用的偏振角就是采用直方图法确定的角度。

图 7.20 是利用图 7.19 所示的两水平分量记录在 112.5～150ms 时窗内的信号，采用了瞬时能量加权直方图法求得偏振角为 7.5°。

求出偏振角后，将地震记录分量按照 θ 角投影到以直达 P 波在水平面投影为参考的坐标系中，就得到了偏振合成后的水平分量记录，如图 7.21 所示。并针对选择的时窗信号，作出矢端曲线如图 7.22 所示，可以看出 x' 分量的记录就代表直达波水平分量 H_p。

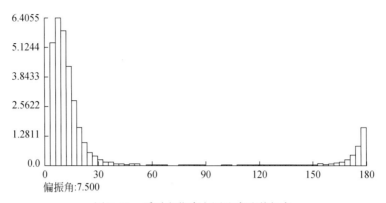

图 7.20　瞬时方位直方图法求取偏振角

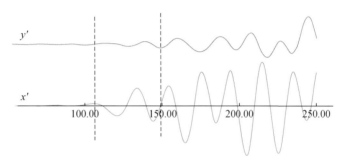

图 7.21　偏振合成后的水平分量记录

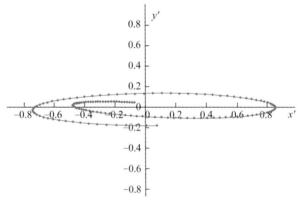

图 7.22　水平分量偏振合成后的矢端曲线

2. 利用 z、H_p 分量偏振合成 S_V 波

按照前面关于线性偏振的直达 P 波质点振动方向和波的传播方向一致，振动轨迹位于震源和检波点确定的垂直平面内的假设，可进一步推论，同一辐射源的直达 S 波质点振动方向与波的传播方向垂直，其中 S_V 波位于震源和检波点确定的垂直平面内，而 S_H 波与该平面垂直，P 波和 S_V 波的水平投影在一条线上的。

　　根据这些分析，偏振合成后水平分量 H_p 中包含直达 P 波和 S_v 波两者的水平分量（也可能包含续至的 P 波和 S_v 波）；而与 H_p 垂直的横切水平分量中包含 S_H 波的能量（还可能包含其他不在 P 波面内或与 P 波面垂直的能量），因此通过水平分量的偏振合成基本上分离出 S_H 波。但 P 波和 S_v 波两者暂时还不能分离，它们都包含在 H_p 中。

　　如何进一步从 H_p 记录中分离 P 波和 S_v 波呢？可以采用与水平分量偏振合成相类似的方法，利用水平分量（H_p）和垂直分量（z）作矢端曲线或直方图，求出 P 波偏振方向与铅垂线的夹角 θ_v，再通过坐标变换求出沿 P 波偏振方向的分量（x''方向）P_d 和与 P 波偏振方向垂直的分量（z''方向）S_d，如图 7.23 所示。并针对选择的时窗信号，作出矢端曲线如图 7.24 所示。

$$x'' = x'\cos\theta_v + z\sin\theta_v \tag{7.23}$$

$$z'' = -x'\sin\theta_v + z\cos\theta_v \tag{7.24}$$

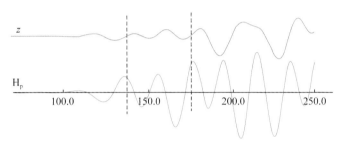

图 7.23　垂直分量（z）、水平分量（H_p）记录

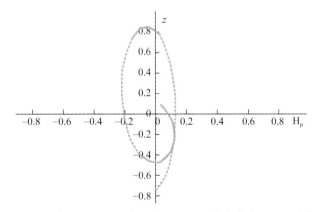

图 7.24　垂直分量（z）、水平分量（H_p）偏振合成后的矢端曲线

3. 资料处理解释与应用

　　根据上述的方法，结合罗家地区的三分量微测井资料，叙述三分量微测井资料进行横波处理解释。在罗家地区开展了 10 个点纵横波微测井测试，图 7.25 是其中一口井的原始水平分量记录 x，y。

　　利用 x、y 分量偏振合成直达 P 波的水平投影 H_p，利用相应时窗内的 x、y 分量样点振幅值画出各道的矢端曲线和能量加权的瞬时方位直方图，求取偏振角，如图 7.26 所示。

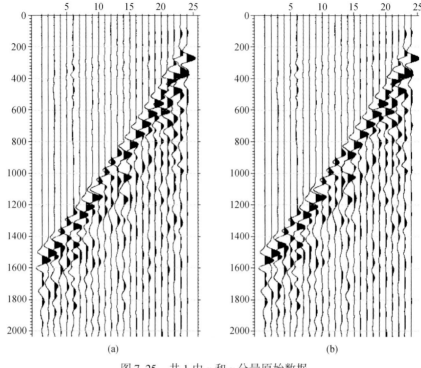

图 7. 25　井 1 中 x 和 y 分量原始数据

（a）水平 x 分量；（b）水平 y 分量

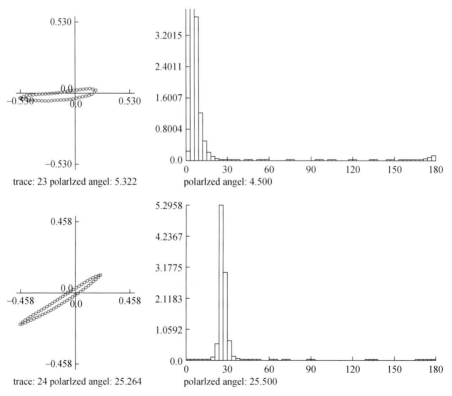

图 7. 26　利用 x、y 分量作出的矢端曲线和能量加权的瞬时方位直方图

　　利用 z、H_p 分量偏振合成分离出横波，利用 z、H_p 分量进行偏振合成可以分离出 P 波和 S_V 波，图 7.27 所示为 z、H_p 分量对应时窗上的矢端曲线和能量加权的瞬时方位直方图。

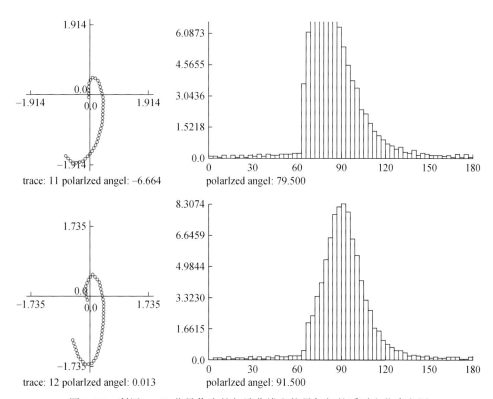

图 7.27　利用 z、H_p 分量作出的矢端曲线和能量加权的瞬时方位直方图

　　利用微测井记录中的 x，y 分量合成 H_p 波和 S_H 波，如图 7.28 所示。

　　运用 7.2 中所述的解释方法求取波速，通过测定不同岩性横波速度变化情况，可以有效识别岩性及薄层，见图 7.29。

　　以往纵波只能对低速层、降速层和高速层进行有效划分，而通过解释，横波对地层的划分比纵波更精细。同时把横波解释成果与岩性取心结果对比来看，可以看出横波速度曲线具有以下三个特点：

　　（1）横波速度曲线较好地识别了岩性界面，精度较高；

　　（2）横波速度曲线可以有效识别岩土层中的薄夹层，在每隔 1m 进行采样的时候可以有效识别 2m 左右的薄层；

　　（3）相同的岩性中横波速度相差不大。

　　通过对不同岩性横波速度进行统计和分析可以看出，横波在岩土层中的传播速度主要反映了岩土体的软硬及致密程度，不同的岩土体横波层速度不同（表 7.1）。

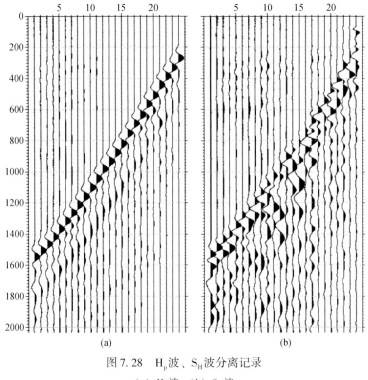

图 7.28　H_p 波、S_H 波分离记录

（a）H_p 波；（b）S_H 波

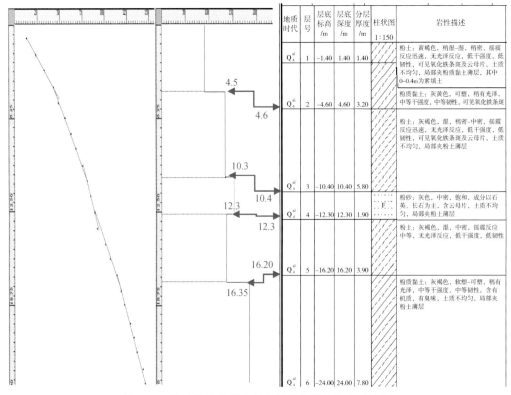

图 7.29　横波微地震测井解释结果与岩性取心对比图

表 7.1　不同岩土横波波速值统计表

岩土名称	横波点速度 V_s/(m/s)	横波层速度 V_{si}/(m/s)
素填土	78 ~ 96	85 ~ 90
粉土	100 ~ 165	130 ~ 145
粉砂	165 ~ 185	172 ~ 180
粉质黏土	165 ~ 230	188 ~ 220

李庆忠（1992）认为，在深层不同岩石的纵横波速度比大多在 1.5 ~ 2 倍之间。而第四系冲积平原覆盖区近地表岩土体纵、横波速度关系与深层岩石有明显不同，一般在 2 ~ 10 倍之间。通过分析主要是由于冲积平原覆盖区地层松散，孔隙度大，纵波速度受岩土体含水率影响非常大。

对不同岩性在低、降、高速层，纵波与横波的关系进行了分析与统计。不同岩土体纵横波速度比统计见表 7.2。

表 7.2　不同岩土体纵、横波速度比统计表

岩土类型	低速层	降速层	高速层
素填土	5.0 ~ 5.5 倍		
粉土	3.5 ~ 4.5 倍	7.5 ~ 8.2 倍	10.0 ~ 10.5 倍
粉砂			8.5 ~ 9.5 倍
粉质黏土	1.9 ~ 2.5 倍	4.9 ~ 6.0 倍	7.8 ~ 8.5 倍

由于纵波速度受岩土体中水的影响非常大，而横波速度主要与岩性有关。在低、降速层，由于含水率不稳定，纵横波速度比不能作为识别岩性的依据，而在高速层（一般为潜水面以下），含水饱和的情况下，纵横波速度比有一定规律（如图 7.30），可以作为岩性识别的一种依据，但还需要进一步研究。

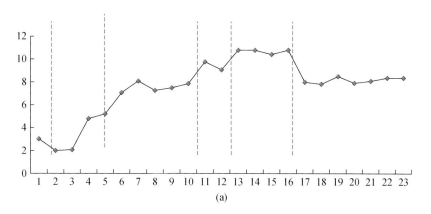

(a)

地质时代	层号	层底标高/m	层底深度/m	分层厚度/m	柱状图 1:150	岩性描述	标贯中点深度/m	标贯实测击数	附注
Q_4^{al}	1	-1.40	1.40	1.40		粉土：黄褐色，稍湿-湿，稍密，摇震反应迅速，无光泽反应，低干强度，低韧性，可见氧化铁条斑及云母片，土质不均匀，局部夹粉质黏土薄层，其中0~0.4m为素填土			
Q_4^{al}	2	-4.60	4.60	3.20		粉质黏土：灰黄色，可塑，稍有光泽，中等干强度，中等韧性，可见氧化铁条斑			
Q_4^{al}	3	-10.40	10.40	5.80		粉土：灰褐色，湿，稍密-中密，摇震反应迅速，无光泽反应，低干强度，低韧性，可见氧化铁条斑及云母片，土质不均匀，局部夹粉土薄层			
Q_4^{al}	4	-12.30	12.30	1.90		粉砂：灰色，中密，饱和，成分以石英、长石为主，含云母片，土质不均匀，局部夹粉土薄层			
Q_4^{al}	5	-16.20	16.20	3.90		粉土：灰褐色，湿，中密，摇震反应中等，无光泽反应，低干强度，低韧性			
Q_4^{al}	6	-24.00	24.00	7.80		粉质黏土：灰褐色，软塑-可塑，稍有光泽，中等干强度，中等韧性，含有机质，有臭味，土质不均匀，局部夹粉土薄层			

(b)

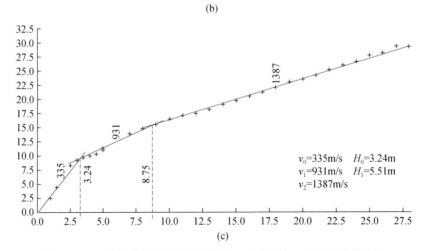

图 7.30 LJ 地区岩土体纵横波速度比、岩性取心、纵波速度对比图

（a）纵横波速度比曲线；（b）岩性取心示意图；（c）纵波速度曲线

7.6　地质雷达方法

地质雷达方法是近年来发展起来的一种确定地下介质分布规律的电磁波探测新技术。利用电磁波在近地表中的传播特性，进行地下电性反射界面的探测。电磁波的传播理论与地震波的传播理论类似，其采集与速度求取方法与陆地声呐法相同，只是探地雷达法求取的是电磁波速度。

7.6.1　探测原理

地质雷达调查表层结构就是向地下介质发射一定强度的高频电磁脉冲（几十兆赫兹至上千兆赫兹），电磁脉冲遇到不同电性介质的分界面时产生反射或散射，接收并记录这些信号，再通过进一步的信号处理和解释即可了解地下介质的情况。

地质雷达反射信号的振幅与反射系数成正比，在以位移电流为主的低损耗介质中，反射系数可表示为

$$\gamma = \frac{\sqrt{\varepsilon_1} - \sqrt{\varepsilon_2}}{\sqrt{\varepsilon_1} + \sqrt{\varepsilon_2}} \tag{7.25}$$

式中，ε_1、ε_2 分别为上、下介质的相对介电常数，对近地表检测而言；ε_1 为低速层的相对介电常数；ε_2 为降速层的相对介电常数。由式（7.25）可知，反射信号的强度主要取决于上、下介质的电性差，电性差越大，反射信号越强。对低降速层与高速层而言，它们之间存在明显的电性差，可以预期低降速层底部会有强反射出现。不同地层（上、中、下）之间所用材料也存在细微差别，因此也可以得到较弱的反射信息。

地质雷达一般由主机、控制与显示、天线三大部分组成（图 7.31）。雷达的天线属于自耦合型，这种天线的优点是信号发射稳定，不受地表条件变化的影响。天线频率从 1 ~ 1000MHz 组成一个系列，根据探测深度及探测目标不同可很方便地选择使用不同频率的天线。探地雷达方法中，发射天线与接收天线之间的距离很小，甚至合二为一。

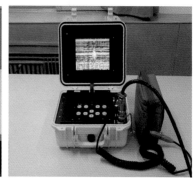

图 7.31　地质雷达采集设备和天线

地质雷达在探测地下管线、地下空洞时，其探测效果非常明显，精度比较高，应用方法相对简单。但利用地质雷达进行近地表结构探测时，难度相对大一些。

7.6.2　资料处理解释

在野外施工前，必须在探区内找一条地层剖面或钻取一口岩性标定井，并与地质雷达剖面进行比对，对地质雷达剖面进行层位标定。野外施工采用固定间距沿测线同步移动的测量方式进行数据观测。当地层的倾角不大时，反射波的全部路径几乎是垂直地面的。因此，在不同测线位置上，法线反射时间的变化就反映了地下地层的构造形态。反射波的旅行时主要反映了近地表结构，如异常体埋深、地层倾向等；其幅度、相位和频率等特性反映了电磁波所经过介质的电磁特性，如介电常数、电导率、磁导率的差异及地层厚度等。地层的电性往往存在差异，通过对资料进行数据处理和解释，最后可确定地下介质的形态和位置，反映近地表结构变化规律。

电磁波的传播理论与弹性波的传播理论有许多类似的地方，两者遵循同一形式的波动方程，只是波动方程中变量代表的物理意义不同。雷达波与地震波在运动学上的相似性，可以在资料处理中加以运用。雷达探测解释方法最基本的关系方程是反射系数。

根据麦克斯韦方程可得到波阻抗近似表达式：

$$\eta = \mu / \left(\varepsilon + j\sigma\omega \right) \qquad (7.26)$$

在电导率 σ 有限、频率 ω 较高的情况下，式（7.26）简化为 $\eta = \mu / \varepsilon$。

假设上覆介质波阻抗为1，下伏介质波阻抗为2，电磁波入射角为 θ_1，透射角为 θ_2，则有反射系数：

$$R = \left(\eta_2 \cos\theta_1 - \eta_1 \cos\theta_2 \right) / \left(\eta_2 \cos\theta_1 + \eta_1 \cos\theta_2 \right) \qquad (7.27)$$

在垂直入射反射条件下，反射系数为 $R = \left(\eta_2 - \eta_1 \right) / \left(\eta_2 + \eta_1 \right)$ 代入波阻抗，并对非磁性物质忽略磁导率 u，得 $R = \left(\varepsilon_1 - \varepsilon_2 \right) / \left(\varepsilon_1 + \varepsilon_2 \right)$。

根据上述关系，反射系数主要与介质的介电常数 ε 有关。

地质雷达的资料解释包括数据处理和图像解释两个方面。地下介质相当于一个复杂的滤波器，介质对波的不同程度的吸收及介质的不均匀性，加上各种随机噪声和干扰，使得接收天线接收到的信号波形与原始的发射波形有较大的差别。所以，必须对接收到的信号进行处理，为解释提供可靠的依据。处理包括压制随机噪声和非目的层的杂乱反射波，改善剖面背景。主要包括：

（1）作多次重复测量的平均，抑制随机噪声；

（2）取邻近位置多次测量的平均，以压制非目的层的杂乱反射波，改善背景；

（3）作自动时变增益或控制增益以补偿介质吸收或抑制杂乱波；

（4）作小波变换、滤波处理、时频变换除去高频杂波或突出目的体，降低背景噪声和余振影响；

（5）进行一维和二维空间滤波等。

图像解释首先是识别异常体，然后进行地质解释。异常体的识别很大程度上依赖地质雷达图像的正演结果。图像解释必须结合高频技术、地质、地理、人文工程等多方面的综合知识，并且必须符合当地的地质规律，配合相应的钻探资料，使解释效果更加突出。

通过试验资料分析，同一地层的电性特征比较接近，因此，同一地层波组的波形、波幅、周期及包络线形态等有一定特征，确定具有相似形态特征的反射波组是反射层识别的基础。

（1）地质界面的波形特征。强振幅，可连续追踪，波形稳定。

（2）断裂波形特征。当断层有一定断距，断层两侧岩性往往有明显的差别。断层面有可能是差异较大的电性界面，在时间剖面上，会得到断层面的反射波，称为断层波。断层波的主要特征是一组产状陡的波组出现在时间剖面上，而周围的反射界面比较平缓，产状往往相反。由于断层两侧地层电性的变化，断面的光滑程度比地层差，断面反射波的强度变化大，波形不稳定。

（3）潜水面的波形特征。地下水对电磁波吸收较大，反射强度大，电性界面清楚，水平层状。

（4）第四系土层和砂层波形特征。土层波形比较简单，反射强度小；砂层的波形呈断续层状分布，反射强度相对土层强。

（5）流沙层的波形特征。反射空白区较大，没有大的电性分界面，内部反射杂乱，频率低，能量弱。

地质雷达具有很好的准确性和可重复性，可以进行连续测量，得出一个连续的剖面。为了克服各种干扰，对某一段可以多次探测，进行叠加，压制其干扰，可以很好地对近地表各层进行连续追踪，完成整条测线表层结构调查的勘探，并且对地表没有破坏。通过剖面的解释，可以显示表层结构的形状，再结合表层取心可以找准较好的激发岩性，并且可以连续追踪，正确选择激发深度和激发岩性。

第8章　近地表岩土物性参数测试与分析方法

近地表岩土物理性质与地震勘探野外激发接收关系非常密切，岩土物理性质差异直接影响资料质量，根据岩土物性参数选择合适的激发接收条件可以提高地震资料品质。本章重点介绍描述岩土物理性质的特征参数、测试方法和分析应用。

8.1　岩土的物性参数及测定

8.1.1　近地表岩土的物性参数

通常认为岩土是由空气、水和土颗粒三相组成，近地表岩土的物理参数与其性质密切相关，如含水率、塑性指数等，应用这些物理参数可以更准确地描述近地表岩土特征，有些参数可以在实验室直接测量得到，如含水率等，而有些参数是通过计算才能获取的，如塑性指数等。通过实验分析，可以用含水率 ω、比重 G_s、重度、干重度、孔隙比 e_0、饱和度 S_r、液限 ω_L、塑限 w_p、塑性指数 I_p、液性指数 I_L、黏聚力 c、内摩擦角、压缩系数 a_{1-2}、压缩模量 E_s 14 种参数对岩土物理性质进行描述。

根据岩土性质，这些参数可以分为基本物理性质指标参数和力学性质指标参数。

1. 基本物理性质指标参数

基本物理性质指标参数一部分可以在实验室采用不同方法直接进行测试；另一部分则需要应用所测定的数值计算求取。

1）直接可以测定的参数

在实验室，可以直接测试土样的一些指标参数（表8.1）。

表 8.1　实验直接测定的基本物理性质指标参数

指标名称	符号	单位	物理意义	测试方法	取土要求
含水率	ω	%	土中水的质量与土粒质量之比 $\omega=\dfrac{m_w}{m_s}\times100\%$	含水试验 烘干法（温度 $100\sim105℃$） 酒精燃烧法 比重瓶法 炒干法	保持天然湿度
比重	G_s	—	土质量与同体积的 4℃时水的质量比 $G_S=\dfrac{m_s}{V_s\rho_w}$（$\rho_w$ 为水的密度）	比重试验 比重瓶法 浮称法 虹吸筒法	扰动土

指标名称	符号	单位	物理意义	测试方法	取土要求
质量密度	ρ	g/cm³ (t/m³)	土的总质量与其体积之比 即单位体积的质量 $\rho = m/V$	密度试验 环刀法 蜡封法 注沙法	
液限	ω_L	%	土由可塑状态过渡到流动 状态的界限含水量	圆锥仪法	扰动土
塑限	w_P	%	土由可塑状态过渡到半固 体状态的界限含水量	搓条法	扰动土

2）通过计算可以求取的参数

部分参数必须在实验室测试的基础上，通过公式计算求取，指标参数及基本公式见8.2。

表 8.2　计算求得的物理性质指标参数

指标名称	符号	单位	物理意义	基本公式
重度	γ	kN/m³	$\gamma = \dfrac{土所受的重力}{土的总体积}$	$\gamma = g \times \rho = 10\rho$
干密度	ρ_d	g/cm³	$\rho_d = \dfrac{m_s}{V} = \dfrac{土的质量}{土的总体积}$	$\rho_d = \dfrac{\rho}{1 + 0.01w}$
孔隙比	e_0	—	$e_0 = \dfrac{V_v}{V_s} = \dfrac{土中空隙体积}{土粒体积}$	$e_0 = \dfrac{d_s\rho_w\,(1+0.01w)}{\rho} - 1$
孔隙率	n	%	$n = \dfrac{V_v}{V} \times 100 = \dfrac{土中空隙体积}{土的总体积}$	$n = \dfrac{e}{1+e} \times 100$
饱和度	S_r	%	$S = \dfrac{V_w}{V_v} \times 100 = \dfrac{土中水的体积}{土中空隙体积}$	$S_r = \dfrac{wd_s}{e}$
塑性指数	I_P		土呈可塑状态时含水量变化的 范围，代表土的可塑程度	$I_P = w_L - w_P$
液性指数	I_L		土抵抗外力的量度，其值越大， 抵抗外力的能力越小	$I_L = \dfrac{w - w_P}{w_L - w_P}$
含水比	u		土的天然含水量与液限含水量之比	$u = \dfrac{w}{w_L}$
活动度	A		土的含水量变化时，土的体积 相应变化的程度，其值越大， 变化程度越大	$A = \dfrac{I_P}{P_{0.002}}$

2. 力学性质指标参数

岩土的力学性质指标参数是岩土测试的重要内容，主要包括压缩系数、压缩模量、泊松比等，指标名称及物理意义见表8.3。

表 8.3　力学性质指标参数

指标名称	符号	物理意义
压缩系数	a	$e-p$ 曲线中某一压力范围的割线斜率称为压缩系数
压缩模量	E	在无侧向膨胀条件下，压缩时垂直压力增量与垂直应变增量的比值，称为压缩模量
体积压缩系数	m_v	土压缩时单位体积垂直应变量与垂直压力增量之比，即压缩模量的倒数称为体积压缩系数
固结系数	C_v	固结系数是表示土的固结速度的一个特性指标，固结系数越大，表明土的固结速度越快，固结系数可以用来计算实际受压土层不同时间的固结度
前期固结压力	p_c	前期固结压力是指该土层在地质历史上曾经承受过的上覆土层自重压力或其他作用力，并在该力作用下，已固结稳定的最大压力
压缩指数	C_c	$e-\lg p$ 曲线上直线部分的斜率称为压缩指数，压缩指数越大，表明土的弹性变形量越大
回弹指数	C_s	$e-\lg p$ 曲线回弹圈中虚线的斜率称为回弹指数，回弹指数越大，表明土的压缩性越大
抗剪强度		土在外力作用下抵抗剪切滑动的极限强度称为抗剪强度
侧压力系数	ξ	在不允许有侧向变形的情况下，土样受到轴向压力增量 $\Delta\sigma_1$ 将会引起侧向压力的相应增量 $\Delta\sigma_3$，$\Delta\sigma_3/\Delta\sigma_1$ 值称为土的侧向压力系数
泊松比	ν	在不存在侧向应力的情况下，土样在产生轴向压缩应变的同时，会产生侧向膨胀应变，侧向应变和轴向应变的比值称为土的泊松比

8.1.2　岩土的物性参数测定方法

岩土的物性参数测定方法很多，通常在实验室进行测试。利用动力岩性探测钻井机械，钻取测试点位置的土样，并及时将土样送到测试实验室，利用岩土工程土样测试工具，按照《工程地质手册》中介绍的方法进行各项参数的测定和计算。

8.2　岩土物性参数分析方法

岩样经过实验室测定以后，可以得到大量的表示岩土物理性质的各种参数，但是，这些参数都只是从某个侧面反映岩土的特性。用这些参数来描述岩土的性质，对岩土进行分类，哪些是敏感性参数，哪些参数可以忽略，需要进行数据分析，确定出济阳拗陷岩土描述的敏感性参数和权重系数。本节主要介绍聚类回归的数学分析方法。

8.2.1　聚类回归分析原理

随着近地表调查技术的发展及大量先进仪器的应用，积累了大量的近地表调查数据，然而要从这些岩土岩性参数中得到岩土岩性参数与岩土岩性二者之间的定量关系，仍然具有一定的难度，通常得到的结论会存在一定的不确定性，为此人们通常期望得到二者的经验关系式。在众多的多变量分析中，常常采用最小二乘法拟合多重线性回归模型，但是最小二乘法估计有时会很不理想，造成这种情况的一个重要原因是矩阵的列向量接近线性相关，这种自变量之间的近似线性关系，可能消除各变量之间的差异，从而导致求出的回归系数与真实结果存在差异。为此，在进行近地表岩土岩性数据分析时，在传统的最小二乘回归方法的基础上，引入了聚类统计回归分析的方法。该方法通过对大量样本计算方差和标准差，并通过最大似然概率，对计算结果进行多次逐步回归，使得在充分考虑大多数样本贡献的基础上，得到样本参数与样本群类之间的统计经验关系，并通过回带的方法，不断修正上述统计关系式，最终得到较为稳定且合理的样本数据域群类分布的统计经验关系式。聚类回归分析方法的原理简述如下：

首先，以应变量 Y 和全部自变量 X 进行逐步回归，筛选出 P 个有统计学意义的自变量，并且诊断各自变量的多重共线性。

其次，用 P 个自变量进行主成分分析，得到主成分矩阵和各主成分的累计方差百分比。

然后，计算标化应变量和 P 个标化自变量，分别见式（8.1）和式（8.2），按式（8.3）得到 P 个主成分的值。

$$Y' = \frac{Y - \overline{Y}}{S_Y} \tag{8.1}$$

$$X'_i = \frac{X_i - \overline{X}_i}{S_{X_i}} \quad (i = 1, \cdots, p) \tag{8.2}$$

$$C_i = a_{i1} X'_1 + a_{i2} X'_2 + \cdots a_{iP} X'_p \quad (i = 1, \cdots, p) \tag{8.3}$$

式中，Y' 为标化应变量；Y 为应变量；$\overline{Y}$ 为应变量均数；S_Y 为应变量标准差；X'_i 为第 i 个标化自变量；$\overline{X}_i$ 为第 i 个自变量均数；S_{X_i} 为第 i 个自变量标准差；C_i 为第 i 个主成分；a_{ij} 为主成分矩阵（C_i 与 X'_i 构成的矩阵）的系数。

随后，从累计方差百分比≥85%所包括的主成分开始建立标化主成分回归方程，再向后逐步增加主成分个数，得到 m 个标化主成分回归方程，见式（8.4）。

$$\hat{y}'_j = \sum B'_i C_i \quad (j = 1, \cdots, m \leqslant p, \ i = 1, \cdots, p) \tag{8.4}$$

式中，$\hat{y}'_j$ 为第 j 个标化主成分回归估计值；B'_i 为标化主成分回归方程中第 i 个标化偏回归系数。

接着，计算 m 个标化主成分回归方程的残差，见式（8.5），残差绝对值见式（8.6），参考较小残差绝对值均数和较大累计方差百分比，在式（8.4）中挑选"最佳"标化主成分回归方程。

$$E_j = Y' - \hat{y}'_j \quad (j=1,\ \cdots,\ m) \tag{8.5}$$

$$AE_j = |\ E_j\ | \quad (j=1,\ \cdots,\ m) \tag{8.6}$$

式中，E_j 为第 j 个标化主成分回归方程的残差；AE_j 为 E_j 的残差绝对值。

随后，把式（8.3）代入"最佳"标化主成分回归方程，整理后得标化线性回归方程，见式（8.7）。

$$\hat{y}'_j = \sum b'_i X'_i (i=1,\ \cdots,\ p) \tag{8.7}$$

式中，$\hat{y}'_j$ 为标化线性回归方程估计值，它与相应的标化主成分回归方程估计值等价；b'_i 为标化线性回归方程的第 i 个标化偏回归系数。

最后，在上述分析流程的基础上，把标化线性回归方程转换成一般线性回归方程。标化偏回归系数转化为偏回归系数以及常数，计算公式见式（8.8）和式（8.9）。

$$b_i = b'_i \sqrt{L_{YY}/L_{X_iX_i}} \quad (i=1,\ \cdots,\ p) \tag{8.8}$$

$$b_0 = \bar{Y} - \sum b_i \bar{X}_i \tag{8.9}$$

式中，b_i 为一般线性回归方程的第 i 个偏回归系数；L_{YY} 为 Y 的离均差平方和；$L_{X_iX_i}$ 为 X_i 的离均差平方和；b_0 为一般线性回归方程的常数。

8.2.2　聚类回归实现方法

1. 近地表测量原始数据的交汇分析

通过交汇图分析方法，对不同种类的岩土岩性数据进行两两交汇分析，初步挑选出近地表调查数据中与岩土岩性存在相关性的数据，进行后续的聚类统计回归分析。两两交汇分析方法，将对后续更为合理的经验关系式提供依据。交汇分析图方法的基本原理为：根据不同数据，数值大小、分布区间的差异，将不同组数据进行分类。本书采用 MATLAB 工具，采用自行编制的程序，对所有岩性数据进行了两两交汇分析。通过本步骤的实现，从所有近地表调查数据中，筛选出与岩土岩性关系较为密切的 6 组参数，这些参数分别为干重比、孔隙比、塑性指数、液性指数、压缩系数、压缩模量，见表8.4。

表 8.4　敏感岩土岩性参数统计表

样品号	干重度	孔隙比	塑性指数	液性指数	压缩系数	压缩模量	岩土类型
1	15.1	0.728	9.0	0.76	0.12	10.40	粉土
2	15.3	0.711	8.7	0.85	0.09	19.01	粉土
3	15.5	0.691	8.5	0.76	0.16	10.57	粉土
4	15.9	0.643	7.3	0.81	0.31	5.30	粉土
5	16.0	0.632	7.7	0.55	0.20	8.16	粉土
6	15.5	0.688	8.6	0.73	0.18	9.38	粉土
71	13.7	0.919	13.6	1.06	0.34	5.64	粉质黏土
72	14.2	0.864	14.9	0.72	0.60	3.11	粉质黏土

续表

样品号	干重度	孔隙比	塑性指数	液性指数	压缩系数	压缩模量	岩土类型
73	14.3	0.826	12.1	0.70	0.26	7.02	粉质黏土
74	14.2	0.864	14.7	0.76	0.61	3.06	粉质黏土
75	13.8	0.91	14.8	0.63	0.43	4.34	粉质黏土
90	12.1	1.198	16.1	1.10	1.05	2.09	淤泥质粉质黏土
91	12.5	1.113	12.9	1.22	1.06	1.99	淤泥质粉质黏土
92	12.2	1.17	13.9	1.16	0.99	2.19	淤泥质粉质黏土
93	12.5	1.124	14.3	1.24	0.97	2.19	淤泥质粉质黏土
94	12.4	1.132	13.7	1.33	0.88	2.42	淤泥质粉质黏土
95	12.3	1.166	15.1	1.23	0.67	3.23	淤泥质粉质黏土

2. 近地表调查测量数据的聚类统计回归分析

在上述交汇分析的基础上，将上述 6 组参数进行聚类统计回归分析。本步骤的目的在于：通过逐步回归迭代的方法，并结合样本与群类之间的关系，得到上述 6 组参数与岩土岩性的统计经验关系。为了更大限度地发挥本方法的优点，并用于实际地区岩土岩性识别。例如，有些地区只进行了其中 5 组参数的测量，也可能是其中 4 组参数的测量，也可能只是其中 3 组参数的测量等情况。通过测试不同的参数类型及参数种类得到了 6 参数模型（1 组）、5 参数模型（6 组）、4 参数模型（15 组）、3 参数模型（20 组）共 42 组不同情况下，近地表调查数据与岩土岩性的统计经验关系式。

3. 经验关系式正确性验证

在得到上述经验关系式后，我们对上述关系进行了样本回带分析，针对上述 42 组模型得到了不同关系式的正确性结果，如图 8.1 所示。

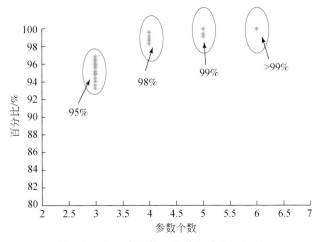

图 8.1　不同参数数量统计准确性对比图

8.2.3　方法试验与试算

应用上述聚类回归原理和实现方法，对五号桩地区的 10 个岩性取心孔的土样所测定的参数进行了分析处理，并根据现场取样结果划分了岩性，确定了岩土描述的敏感性参数，初步拟合出了济阳探区黏土、粉质黏土、淤泥质黏土的经验公式。

1. 岩土参数交汇分析

首先，选择了不同的参数进行两两交汇图分析，在大量的交汇图分析结果中，仔细观察并排除了数据分布群类特征不明显的数据，最终得到了 6 组数据具有较好的群类分布特征。这 6 组数据分别为干重比、孔隙比、塑性指数、液性指数、压缩系数、压缩模量。这 6 组数据的群类分布，具有比较明显的特征和区分性，它们的交汇分析结果如图 8.2 ~ 图 8.7 所示。其中，图 8.2 为孔隙比与压缩系数交汇分析的结果，可以看出三类岩土岩性（粉土、粉质黏土、淤泥质粉质黏土）能够较好的分离，孔隙比小于 0.81 的为粉土、孔隙比大于 0.81 且小于 1.07 的为粉质黏土、孔隙比大于 1.07 的为淤泥质粉质黏土。

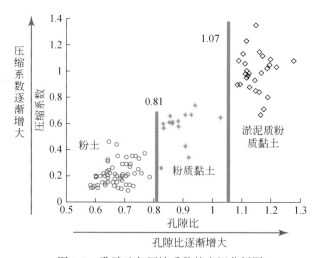

图 8.2　孔隙比与压缩系数的交汇分析图

图 8.3 给出了塑性指数和液性指数的交汇分析结果，可以看出三类数据大多数数据点也能够较好的分开，其中红色圆圈为粉土、蓝色的星形为粉质黏土、黑色空心钻石为淤泥质粉质黏土。从图 8.3 可以看出塑性指数小于 10 时，大多数数据为粉土，但是当塑性指数大于 10 时，粉质黏土与淤泥质粉质黏土不能分离，而考虑液性指数特征，液性指数大于 1.0 时，大多数样本数据为淤泥质粉质黏土，小于 1.0 的部分为粉土与粉质黏土，中间也存在一些不能直接识别的数据点，需要加入更多的数据类型，进行后期的聚类统计回归分析，进一步加以限制。

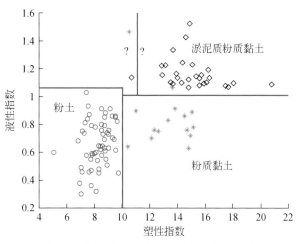

图 8.3　塑性指数与液性指数的交汇分析图

图 8.4 给出了孔隙比与塑性指数的交汇分析结果，可以看出孔隙比是一组高区分度的岩土岩性参数，对于不同的岩土岩性具有较好的区分度。同时也可以看到，塑性指数参数对于三类岩土岩性具有一定的区分度，但是较孔隙比区分度要弱。

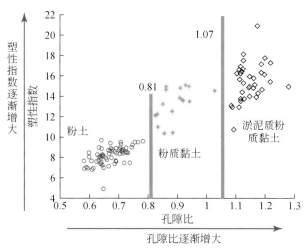

图 8.4　孔隙比与塑性指数的交汇分析图

图 8.5 给出了塑性指数与压缩模量之间的交汇分析结果，从图中可以看出塑性指数和压缩模量对粉土具有一定的区分度，然而蓝色星形的粉质黏土与黑色空心钻石的淤泥质粉质黏土区分度较差。此时，也有必要引入后文提到的聚类统计回归方法。

图 8.6 给出了孔隙比与压缩模量之间的交汇分析结果，孔隙比仍然具有较好的分析区分度，压缩模量对于岩土岩性分类具有一定的区分度，但也存在一些跨组的数据。

图 8.7 给出了干重比与孔隙比的交汇分析结果，可以看出岩土的干重比对于岩土岩性具有很强的区分度。在空隙比和干重比的共同作用下，三类数据分布较为集中，三类岩土岩性能够较好的分离开。

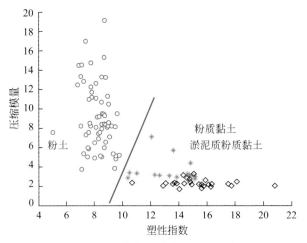

图 8.5　塑性指数与压缩模量的交汇分析图

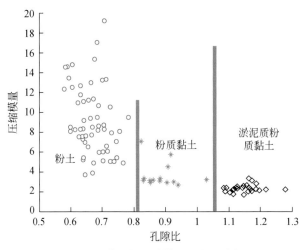

图 8.6　孔隙比与压缩模量的交汇分析图

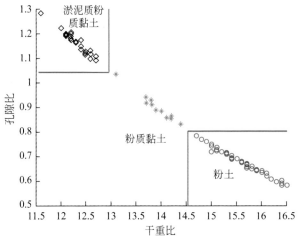

图 8.7　干重比与孔隙比的交汇分析图

交汇分析方法，可以在一定程度上对三类岩土岩性具有一定的区分度，但是交汇分析的方法，只能给出一个最初步的结果，它可以在一定程度上指出哪些类型的近地表调查数据对于岩性分类识别有帮助。如果仅仅采用交汇分析方法很难给出较为精细和定量的岩土岩性与近地表调查数据之间的统计经验关系式，更不可能仅仅利用交汇分析方法进行岩土岩性识别。它是后续更为精细的统计回归方法的基础，可以为后续的研究提供较为合理的初始数据。通过上述交汇分析的结果分析，近地表调查数据中的干重比、孔隙比是两个非常强的岩土岩性的物性参数，对于岩土岩性的识别具有较为重要的作用。

2. 岩土参数聚类统计回归

在上述交汇分析方法的基础上，对 6 组数据进行了聚类统计回归分析，期望通过聚类统计回归方法，得到近地表调查数据与岩土岩性的经验关系式，也为以后岩土识别模式的建立打下基础。考虑到不同地区，近地表调查数据的侧重点以及各测量数据的精度不同，有些地区的测量参数可能缺失或者不准，如果我们仅仅靠建立 6 组数据的单一识别模式，可能不能满足某些特殊探区的岩土岩性识别模式的确立。为此，尝试了 4 类可能出现的情况：

（1）6 组参数的近地表调查数据与岩土岩性分类的统计经验关系式分析（共 1 组），适用于近地表调查数据丰富，且数据较为准确的区域，可以得到较为理想的经验关系式。

（2）5 组参数的近地表调查数据与岩土岩性分类的统计经验关系式分析（6 组），遍历了 6 组参数中任意 5 组参数的情况，并得到了不同情况下 5 组参数的近地表调查数据与岩土岩性的 6 组统计经验关系式。

（3）4 组参数的近地表调查数据与岩土岩性分类的统计经验关系式分析（15 组），遍历了 6 组参数中任意 4 组参数的情况，并得到了不同情况下 4 组参数的近地表调查数据与岩土岩性的 15 组统计经验关系式。

（4）3 组参数的近地表调查数据与岩土岩性分类的统计经验关系式分析（20 组），遍历了 6 组参数中任意 3 组参数的情况，并得到了不同情况下 3 组参数的近地表调查数据与岩土岩性的 20 组统计经验关系式。

在得到上述统计经验关系式的基础上，进行样本逐次回带的回归检验工作，验证上述方法的可靠性和实用性，同时检验得到近地表调查数据与岩土岩性分类的统计检验关系式在岩土岩性识别和预测中的可靠性，上述经验关系式的正确性在 90% 以上。同时，在考虑多参数（6 组）比少参数（3 组）时得到的统计经验关系式样本回带的正确性要高。因此，在有条件的探区，尽可能采用不同类型的参数得到统计经验关系式，将是十分必要和有益的。

本节具体给出了 6 组参数、5 组参数、4 组参数、3 组参数统计经验关系式的得到过程及相关结果，具体结果如下。

1）6 组参数结果

首先将通过交汇分析挑选出的参数样本，置于 Excel 之中，并将数据导入 SPSS 中，给出总的分类类别为 3（粉土、粉质黏土、淤泥质粉质黏土）。然后选择不同的方法计算标准差及方差，此处需要进行大量的测试，以选择较为合理的方法，使得到的经验关系式稳定。其次选择不同的概率统计方法，选择的为最大似然概率分布方法，该方法较为成熟，对于满足高斯分布的样本，具有很好的适应性。计算过程中的阶段性结果如图 8.8 所示，该图给出了三类样本在全空间的划界，其中 1 代表第一类样本，2 代表第二类样本，3 代表第三类样本，12 代表第一、第二类样本的最佳分界，23 代表第二、第三类样本的最佳分界。

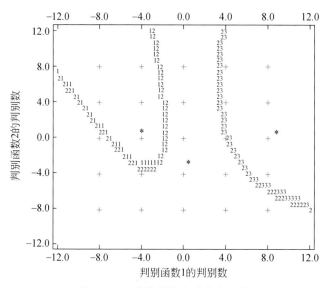

图 8.8   三类数据的大致分布边界

图 8.9 给出了计算得到的第一类数据（粉土）的均值及数据点分布特征，可以看出这些数据能够较好的分布于均值附近，数据具有较好的群类属性，不存在偏离很大的奇异值点。其中红色方形代表样本数据点的分布，绿色方形代表数据的均值分布。

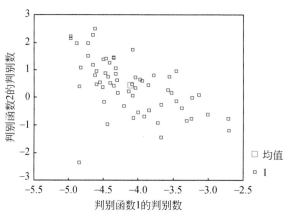

图 8.9   粉土数据的分布及均值坐标

图 8.10 给出了计算得到的第二类数据（粉质黏土）的均值及数据点分布特征，可以看出这些数据能够较好的分布于均值附近，数据具有较好的群类属性，不存在偏离很大的

奇异值点，然而其群类属性较粉土存在一定的差距，比粉土数据的分布规律差。其中红色方形代表样本数据点的分布，绿色方形代表数据的均值分布。

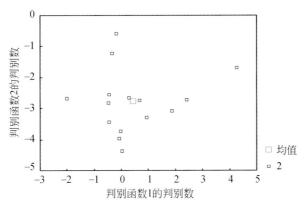

图 8.10　粉质黏土数据的分布及均值坐标

图 8.11 给出了计算得到的第三类数据（淤泥质粉质黏土）的均值及数据点分布特征，可以看出这些数据能够较好的分布于均值附近，数据具有较好的群类属性，不存在偏离很大的奇异值点。其中红色方形代表样本数据点的分布，绿色方形代表数据的均值分布。

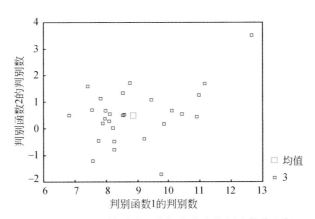

图 8.11　淤泥质粉质黏土数据的分布特征及均值坐标

通过逐次迭代，最终得到了具有较好分类情况下，三类数据的空间集中分布规律（图 8.12）。其中红色点方形为粉土数据、绿色方形为粉质黏土、蓝色方形为淤泥质粉质黏土。可见在上述分析方法选择的基础上，三组数据能够较为正确的分离，形成三组具有较好聚类属性的样本数据分布。将图 8.12 结果情况下的统计经验关系式输出如下，其中 1.00 代表第一类、2.00 代表第二类、3.00 代表第三类。VAR00002 代表干重比、VAR00003 代表孔隙比、VAR00004 代表塑性指数、VAR00005 代表液性指数、VAR00006 代表压缩系数、VAR00007 代表压缩模量、Constant 代表统计经验关系式中的常数项。其中表 8.5 中的数据为对应的经验关系式的系数。统计公式如下：

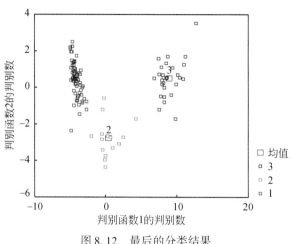

图 8.12　最后的分类结果

$F(1) = 3230.958A_1 + 25947.173A_2 - 100.413A_3 + 572.814A_4 - 176.199A_5 - 13.849A_6 - 33677.528$

$F(2) = 3222.085A_1 + 25969.414A_2 - 99.182A_3 + 561.174A_4 - 153.138A_5 - 13.659A_6 - 33579.616$

$F(3) = 3291.434A_1 + 26678.439A_2 - 103.223A_3 + 558.876A_4 - 110.215A_5 - 12.591A_6 - 35192.898$

参数解释如下：$F(1)$、$F(2)$、$F(3)$ 为三种分类的概率。$F(1)$ 为粉土；$F(2)$ 为粉质黏土；$F(3)$ 为淤泥质粉质黏土；A_1 为干重比；A_2 为孔隙比；A_3 为塑性指数；A_4 为液性指数；A_5 为压缩系数；A_6 为压缩模量。

表 8.5　6 组参数回归经验关系式的系数

系数	1.00	2.00	3.00
VAR00002	3230.958	3222.085	3291.434
VAR00003	25947.173	25969.414	26678.439
VAR00004	−100.413	−99.182	−103.223
VAR00005	572.814	561.174	558.876
VAR00006	−176.199	−153.138	−110.215
VAR00007	−13.849	−13.659	−12.591
Constant	−33677.528	−33579.616	−35192.898

也就是说，将实际的样本数据的大小，代入上述的 $F(1)$、$F(2)$、$F(3)$ 的表达式，计算各自的大小并比较，最大值对应的岩土岩性即为该数据的岩土岩性属性。

在得到了上述统计检验经验关系式的基础上，通过逐次回代的方法，进行计算关系式的正确性验证，计算结果见表 8.6。从计算结果可以看出，得到的 6 组参数近地表调查数据与岩土岩性特征具有较好的一致性，正确率达100%。

表8.6　经验关系式的验算结果

VAR0001		预测组数			合计
		1.00	2.00	3.00	
原始数据个数	1.00	62	0	0	62
	2.00	0	15	0	15
	3.00	0	0	28	28
百分比	1.00	100	0	0	100
	2.00	0	100	0	100
	3.00	0	0	100	100

2）5组参数分析结果

表8.7中的数据为五参数分析对应的经验关系式的系数。统计公式如下：

$F(1) = 3183.820A_1 + 25613.810A_2 - 99.474A_3 + 581.232A_4 + 30.809A_5 - 33288.227$

$F(2) = 3175.594A_1 + 25640.624A_2 - 98.256A_3 + 569.477A_4 + 51.030A_5 - 33200.921$

$F(3) = 3248.578A_1 + 26375.358A_2 - 102.370A_3 + 566.530A_4 + 77.989A_5 - 34871.111$

参数解释如下：$F(1)$、$F(2)$、$F(3)$为三种分类的概率。$F(1)$为粉土；$F(2)$为粉质黏土；$F(3)$为淤泥质粉质黏土；A_1为孔隙比；A_2为塑性指数；A_3为液性指数；A_4为压缩系数；A_5为压缩模量。

表8.7　使用5组参数分析得到的经验关系式系数结果

系数	1.00	2.00	3.00
VAR00002	3183.820	3175.594	3248.578
VAR00003	25613.810	25640.624	26375.358
VAR00004	−99.474	−98.256	−102.370
VAR00005	581.232	569.477	566.530
VAR00006	30.809	51.030	77.989
Constant	−33288.227	−33200.921	−34871.111

通过逐次迭代，最终得到了具有较好分类情况下，三类数据的空间集中分布规律。其中红色点方形为粉土数据、绿色方形为粉质黏土、蓝色方形为淤泥质粉质黏土。在上述分析方法选择的基础上，三组数据能够较为正确的分离，形成三组具有较好聚类属性的样本数据分布，结果如图8.13所示。

在得到了上述统计检验经验关系式的基础上，通过逐次回代的方法，进行计算关系式的正确性验证，从计算结果可以看出，得到的5组参数近地表调查数据与岩土岩性特征具有较好的一致性，初始数据的正确性为100%，交叉检验的正确率为99%。

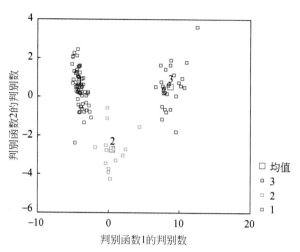

图 8.13　使用 5 组参数分析得到的数据岩性分类

3）4 组参数分析结果

表 8.8 中的数据为 4 组参数分析对应的经验关系式的系数。

对于 4 组参数的结果，导入参数：A_1 为干重比；A_2 为塑性指数；A_3 为液性指数；A_4 为压缩模量。参数的说明与上文一致。

得到的统计回归识别模式的经验关系式如下所示：

$$F（1）= 238.517A_1 + 409.067A_2 + 27.576A_3 - 0.875A_4 - 2110.905$$
$$F（2）= 227.038A_1 + 397.515A_2 + 29.120A_3 - 1.283A_4 - 1946.213$$
$$F（3）= 214.532A_1 + 391.212A_2 + 28.995A_3 - 1.112A_4 - 1773.789$$

参数解释如下：$F（1）$、$F（2）$、$F（3）$ 为三种分类的概率。$F（1）$ 为粉土；$F（2）$ 为粉质黏土；$F（3）$ 为淤泥质粉质黏土；A_1 为干重比；A_2 为塑性指数；A_3 为液性指数；A_4 为压缩模量。

表 8.8　4 组参数的经验关系式系数结果

系数	1.00	2.00	3.00
VAR00002	238.517	227.038	214.532
VAR00005	409.067	397.515	391.212
VAR00004	27.576	29.120	28.995
VAR00007	−0.875	−1.283	−1.112
Constant	−2110.905	−1946.213	−1773.789

通过逐次迭代，最终得到了具有较好分类情况下，三类数据的空间集合中分布规律。其中红色点方形为粉土、绿色方形为粉质黏土、蓝色方形为淤泥质粉质黏土。在上述分析方法选择的基础上，三组数据能够较为正确的分离，形成三组具有较好聚类属性的样本数据分布，结果如图 8.14 所示。

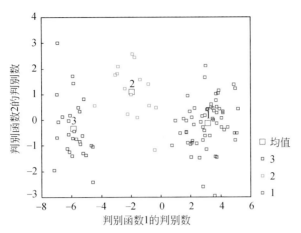

图 8.14　4 组参数的经验关系式的分类结果

表 8.9　4 组参数关系式验算结果

VAR0001		原始数据个数			百分比			验证数据个数			百分比		
		1.00	2.00	3.00	1.00	2.00	3.00	1.00	2.00	3.00	1.00	2.00	3.00
预测组数	1.00	62	0	0	100	0	0	62	1	0	100	6.7	0
	2.00	0	14	0	0	93.3	0	0	13	0	0	86.7	0
	3.00	0	1	28	0	6.7	100	0	1	28	0	6.7	100
合计	1.00	62	15	28	100	100	100	62	15	28	100	100	100

注：初始数据的正确率为 99.0%，交叉检验的正确率为 98.1%

在得到上述统计经验关系式的基础上，通过逐次回代的方法，进行计算关系式的正确性验证，计算结果见表 8.9。从计算结果可以看出，得到的 4 组参数近地表调查数据与岩土岩性特征具有较好的一致性，初始数据的正确性为 99.0%，交叉检验的正确率为 98.1%。

4）3 组参数分析结果

对于 3 组参数的结果，导入参数：A_1 为液性指数；A_2 为压缩系数；A_3 为压缩模量。表 8.10 给出了计算得到的岩土岩性与近地表调查数据的统计经验关系式的系数，参数说明与上文一致。

表 8.10　3 组参数的经验关系式系数结果

系数	1.00	2.00	3.00
VAR00005	31.337	36.277	48.682
VAR00006	61.046	89.822	140.641
VAR00007	3.240	3.304	4.624
Constant	−32.588	−48.028	−103.934

得到的统计回归经验关系式如下：

$F(1) = 31.337A_1 + 61.046A_2 + 3.240A_3 - 32.588$

$F(2) = 36.277A_1 + 89.822A_2 + 3.304A_3 - 48.028$

$F(3) = 48.682A_1 + 140.641A_2 + 4.624A_3 - 103.934$

参数解释如下：$F(1)$、$F(2)$、$F(3)$ 为三种分类的概率。$F(1)$ 为粉土；$F(2)$ 为粉质黏土；$F(3)$ 为淤泥质粉质黏土；A_1 为液性指数；A_2 为压缩系数；A_3 为压缩模量。

通过逐次迭代，最终得到了具有较好分类情况下，三类数据的空间集合中分布规律，然而个别点存在一定的分布交叉现象，可见在 3 组参数情况下，数据样本的分类关系具有一定的误差。其中红色点方形为粉土、绿色方形为粉质黏土、蓝色方形为淤泥质粉质黏土。在上述分析方法选择的基础上，3 组数据能够较为正确的分离，形成 3 组具有较好聚类属性的样本数据分布，但其分布结果要远低于 6 组参数、5 组参数时的结果，如图 8.15 所示。

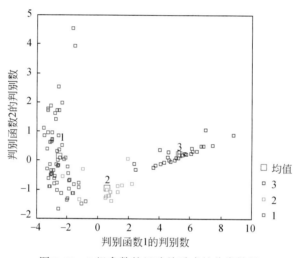

图 8.15　3 组参数的经验关系式的分类结果

在得到上述统计检验经验关系式的基础上，通过逐次回代的方法，进行计算关系式的正确性验证，计算结果见表 8.11。从计算结果可以看出，得到的 3 组参数近地表调查数据与岩土岩性特征具有较好的一致性，初始数据的正确性为 94.3%。

表 8.11　3 组参数关系式验算结果

VAR0001		预测组数			合计
		1.00	2.00	3.00	
原始数据个数	1.00	60	2	0	62
	2.00	2	13	0	15
	3.00	0	2	26	28
百分比	1.00	96.8	3.2	0	100
	2.00	13.3	86.7	0	100
	3.00	0	7.1	92.9	100

注：初始数据的正确率为 94.3%

　　通过概率统计聚类的方法，可以得到较为可靠的近地表测量数据与岩性分类的经验关系式。为了满足不同的实际测量数据的需要，我们在使用数据的时候，采用了 3 组参数、4 组参数、5 组参数、6 组参数分别进行统计回归分析，得到了不同情况下的共 42 组近地表测量数据与岩性分类的经验关系式，并进行了样本回代检验，结果较为满意。通过比较不同情况下的经验关系式及样本回带结果还可以看出：在进行经验关系计算的时候，利用的近地表测量数据的种类的数据量越多，得到的近地表测量数据与岩性分类的经验关系式越稳定且越可靠。

参 考 文 献

别君，黄海军，樊辉等.2006.现代黄河三角洲地面沉降及其原因分析.海洋地质与第四纪地质，26（4）：29~35

曹家欣，李培英，石宁.1987.山东庙岛群岛的黄土.中国科学，10（B）：1116~1122

陈斌，黄海军，严立文等.2009.小清河口附近海域泥沙运动特征及风场对泥沙输运的影响.海洋学报，31（2）：104~111

陈金霞，石学法，乔淑卿等.2012.渤海地区全新世孢粉序列及古环境演化.海洋学报，34（3）：99~104

陈清华，刘池阳，鹿洪友等.2002.黄河三角洲地区浅层序列及构造沉降特征.大地构造与成矿学，26（4）：386~389

陈沈良，张国安，陈小英等.2005.黄河三角洲飞雁滩的侵蚀与机理.海洋地质与第四纪地质，25（3）：9~14

成都地质学院陕北队.1978.沉积岩（物）粒度分析及其应用.北京：地质出版社

成国栋.1991.黄河三角洲现代沉积作用及模式.北京：地质出版社

成国栋，薛春汀.1997.黄河三角洲沉积地质学.北京：地质出版社

成国栋，任于灿，李绍全，李广雪，董万.1986.现代黄河三角洲河道演变及垂向序列.海洋地质与第四系地质，6（2）：1~15

成国栋，业渝光，刁少波.1995.黄河三角洲的^{210}Pb剖面与再沉积作用.海洋地质与第四纪地质，15（2）：1~8

成海燕，姜胜辉，李安龙，龚建明.2010.黄河三角洲地区末次冰期以来浅地层划分与海平面变化的响应.海洋地质动态，26（1）：31~36

成鑫荣.1987.长江口表层沉积物中活有孔虫分布的初步研究.海洋地质与第四系地质，7（1）：73~79

崔之久，陈艺鑫，张威等.2011.中国第四纪冰期历史、特征及成因探讨.第四纪研究，31（5）：749~763

董好刚，张卫明，贾永刚等.2006.循环振动导致黄河口潮坪土成分结构变异研究.海洋地质与第四纪地质，26（3）：133~141

杜廷芹，黄海军，严立文等.2008.小清河口海域冬季悬浮体特征.海洋地质与第四纪地质，28（6）：41~46

樊德华.2009.黄河三角洲入海口地区近地表地层特征与沉积模式.石油与天然气地质，30（3）：281~286

冯炎基，黄卫平.1992.^{14}C测年在珠江三角洲古地理环境研究中的应用.同位素，5（4）：210~217

高善明，李元芳，安凤桐等.1989.黄河三角洲形成和沉积环境.北京：科学出版社，199~213

和钟铧，刘招君，张峰.2001.重矿物在盆地分析中的应用研究进展.地质科技情报，20（4）：29~32

胡邦奇，李国刚，布如源等.2012.黄河三角洲北部悬浮体和颗粒有机碳的分布与影响因素.中国环境科学，32（6）：1069~1074

华棣，王庆之.1986.杭州湾北岸潮滩表层沉积物中的有孔虫群特征.东海海洋，4（3）：33~41

黄仕香.2005.土性指标及地基沉降概率统计分析.华南理工大学硕士学位论文

季军良，郑洪波，刘锐，黄湘通，蒋复初.2004.邙山黄土地层再研究.海洋地质与第四系地质，24（2）：101~108

姜在兴.2003.沉积学.第一版.北京：石油工业出版社

姜在兴，王留奇.1994.黄河三角洲现代沉积研究.东营：石油大学出版社

姜在兴，鲜本忠，初宝杰等.2003.黄河三角洲冰携带泥现象及冰成沉积构造.古地理学报，5（3）：343～350

姜在兴，鲜本忠，胡书毅等.2004.黄河三角洲的冰融沉积构造及其研究意义.现代地质，18（3）：276～283.

蒋复初，傅建利，王书兵，赵志中.2005.关于黄河贯通三门峡的时代.地质力学学报，11（4）：293～301

李长安，吴金平，曹江雄.1995.冀西北黄土钙质结核形态及其成因动力学特征与地层环境意义.地球科学——中国地质大学学报，20（5）：511～514

李道高，赵明华，韩美等.2000.莱州湾南岸平原浅埋古河道带研究.海洋地质与第四纪地质，20（1）：23～29

李凤业，袁巍.1992.近代黄河三角洲海域^{210}Pb多阶分布于河口变迁.海洋与湖沼，23（5）：566～571

李凤业，高抒，贾建军等.2002.黄、渤海泥质沉积区现代沉积速率.海洋与湖沼，33（4）：364～369

李福林，庞家珍，姜明星.2000.黄河三角洲海岸线变化及其环境地质效应.海洋地质与第四纪地质，20（4）：17～20

李福生，陈英民，许家昂等.2001.小清河底部沉积物的放射性水平及其变化规律.中国辐射卫生，10（3）：146～147

李广雪，庄克林，姜玉池.2000.黄河三角洲沉积体的工程不稳定性.海洋地质与第四纪地质，20（2）：21～26

李广雪，李君，刘勇等.2008.黄河三角洲软弱层变形和刺穿作用.海洋地质与第四纪地质，28（5）：29～36

李建芬，商志文，王宏，裴艳东，王福，田立柱.2010.渤海湾西部现代有孔虫群垂直分带的特征及其对全新世海面、地质环境变化的指示.地质通报，29（5）：650～659

李明忠，李云伟，耿绍宇等.2007.东营凹陷南斜坡地层油藏成藏条件及分布规律.内蒙古石油化工，12：356～360

李庆忠.1992.岩石的纵、横波速度规律.石油地球物理勘探，27（1）：1～12

李绍全，李广雪.1987.黄河三角洲上的贝壳堤.海洋地质与第四纪地质，7（4）：103～111

李沈阳.2010.汉代黄河变迁与黄河三角洲的研发.东岳论丛，31（6）：95～98

李为华，李九发，戴志军等.2006.黄河三角洲飞雁滩表层沉积物对水动力的影响.海洋地质与第四纪地质，26（1）：17～21

李向阳，陈沈良，胡静等.2008.黄河三角洲孤东海域沉积物积水动力.海洋地质与第四纪地质，28（1）：43～49

李晓刚，黄春长，庞奖励等.2010.黄河壶口段全新世古洪水事件及其水文学研究.地理学报，65（11）：1371～1380

李徐生，杨达源，鹿化煜.2001.镇江下蜀黄土粒度特征及其成因初探.海洋地质与第四纪地质，21（1）：25～31

林承焰，姜在兴，董春梅等.1993.黄河三角洲沉积环境和沉积模式.石油大学学报（自然科学版），17（3）：5～11

林晓彤，李巍然，时振波.2003.黄河物源碎屑沉积物的重矿物特征.海洋地质与第四纪地质，23（3）：17～21

刘东生.1985.黄土与环境.北京：科学出版社

刘东生.1996.黄土的物质成分和结构.北京：科学出版社

刘国亭，阎新兴.1989.小清河河口地貌调查及沉积物分析.水道港口，3：33～36

刘建国，李安春，徐北凯．2006．全新世以来渤海湾沉积物的粒度特征．海洋科学，30（3）：60～65

刘乐军，李培英，王永吉等．2000．鲁中黄土粒度特征及其成因探讨．海洋地质与第四纪地质，20（1）：81～86

刘升发，庄振业，吕海清等．2006．埕岛及现代黄河三角洲海域晚第四纪地层与环境演变．海洋湖沼通报，4：32～37

刘曙光，李从先，丁坚等．2001．黄河三角洲整体冲淤平衡及其地质意义．海洋地质与第四纪地质，21（4）：14～18

刘松玉，吴燕开．2004．论我国静力触探技术（CPT）现状与发展．岩土工程学报，26（4）：553～556

陆基孟．2006．地震勘探原理．上册．第一版．东营：中国石油大学出版社

鹿化煜，安芷生．1997．洛川黄土粒度组成的古气候意义．科学通报，42（1）：66～69

马万栋，孙国芳．2007．黄土粒度组成的古环境意义研究进展．气象与环境科学，30（1）：80～82

毛龙江，庞奖励，刘晓燕．2007．南京下蜀黄土图解法与矩值法粒度参数对比研究．陕西师范大学学报（自然科学版），35（3）：95～99

庞绪贵，陶建玉，李建华等．2002．山东省小清河中下游地区土壤地球化学特征．山东地质，18（5）：44～47

彭淑贞，郭正堂．2007．风成三趾马红土与第四纪黄土的黏土矿物组成异同及其环境意义．第四纪研究，27（2）：277～283

彭淑贞，高志东，吴秀平等．2007．山东青州地区黄土的粒度组成及成因分析．地质力学学报，13（4）：315～320

彭丽君，朱丽君，肖国桥等．2010．山东青州黄土的地层年代及其物质来源研究．干旱区地理，33（6）：947～951

乔淑卿，石学法．2010．黄河三角洲沉积特征和演化研究现状及展望．海洋科学进展，28（3）：408～415

秦蕴珊，赵松龄．1985．关于中国东海陆架沉积模式与第四纪海侵问题．第四系研究，6（1）：27～34

屈文军，张小曳，李扬等．2004．黄土-古土壤地层中钙结核的形成及其古气候、构造和古水文意义．中国西部环境问题与可持续发展国际学术研讨会论文集．北京：中国环境科学出版社：345～350

师长兴．2009．黄河河口泥沙扩散规律分析——以钓口河流路为例．地理科学，29（1）：83～88

师长兴，徐加强，郭立鹏等．2009．近2600年来黄河下游沉积量和上中游产沙量变化过程．第四纪研究，29（1）：116～125

石迎春，郭桥，毕志伟．2007．利用TM影像确定浅层潜水埋深分区初探——以新黄河三角洲为例．河北遥感，2（1）：15～18

宋键，金秉福，邓志辉，郭玉贵，黄永华，孟繁友．2009．青岛地区晚更新世以来的孢粉组合特征与环境演变．自然科学进展，19（9）：952～962

孙白云．1990．黄河、长江和珠江三角洲沉积物中碎屑矿物的组合特征．海洋地质与第四系地质，10（3）：23～34

孙东怀，鹿化煜，David Rea等．2000．中国黄土粒度的双峰分布及其古气候意义．沉积学报，18（3）：327～334

孙继敏．2004．中国黄土的物质来源及其粉尘产生的机制与搬运过程．第四纪研究，24（2）：175～183

孙晶．2007．埕岛海域海底滑动稳定性分区．中国海洋大学硕士学位论文

孙有斌，周杰，安芷生．2000．灵台风尘堆积中钙质结核的地球化学研究．地球化学，29（3）：277～281

孙志国．2003．黄河三角洲贝壳堤的铅同位素特征．海洋地质动态，19（9）：9～12

孙仲明．1984．古河道的类别、成因与研究意义．灌溉排水，3（2）：42～45

谭绍泉．2010．义和庄凸起东部新近系油藏油气成藏期次．油气地质与采收率，17（2）：42～44

滕志宏，刘荣谟，陈苓等.1990.中国黄土地层中的钙质结核研究.科学通报，13：1008~1011

滕志宏，刘荣谟，陈苓等.1991.黄河中游黄土钙质结核及地层学意义.地层学杂志，15（2）：115~122

汪海斌，陈发虎，张家武.2002.黄土高原西部地区黄土粒度的环境指示意义.中国沙漠，22（1）：21~26

王福，王宏，李建芬等.2006.渤海地区²¹⁰Pb、¹³⁷Cs同位素测年的研究现状.地质论评，52（2）：244~250

王嘉荫.1965.历史上的黄土问题.中国第四纪研究，4：1~8

王俊茹.1996.地震低速带测定中几个问题的讨论.物探与化探，20（20）：156~160

王昆山，石学法，蔡善武，乔淑卿，姜晓.2010.黄河口及莱州湾表层沉积物中重矿物分布与来源.海洋地质与第四系地质，30（6）：1~8

王明磊，张延山，王兵等.2009.重矿物分析在古地理研究中的应用——以准噶尔盆地南缘中段古近系紫泥泉子组紫三段为例.中国地质，36（2）：456~463

王强，田国强.1999.中国东部晚第四纪海侵的新构造背景.地质力学学报，5（4）：1~10

王强，袁桂邦，张熟等.2007.渤海湾西岸贝壳堤堆积与海陆相互作用.第四纪研究，27（5）：776~784

王绍鸿，马绣同.1988.黄河三角洲沾4孔的软体动物化石群.海洋与湖沼，19（1）：81~86，105~107

王星光.2005.中国全新世大暖期与黄河中下游地区的农业文明.史学月刊，（4）：5~13

王颖，朱大奎.1985.中国的潮滩.第四系研究，10（4）：291~300

王永红，吕海燕，赵广涛等.2005.黄河三角洲陆海划界方案研究.海洋地质动态，21（10）：1~4

王永吉，徐翔，李福林.2003.地质学在关注人类活动的环境效应——兼谈黄河三角洲剖面炭屑分析与人类活动.海洋学科进展，21（3）：251~257

王永焱，岳乐平，吴在宝等.1980.根据古地磁资料探讨陕西渭北高原黄土分层问题.地质论评，26（2）：141~146

吴忱.1991.华北平原古河道研究概况.华北平原古河道研究论文集.北京：中国科学技术出版社：20~37

吴忱.2002.论"古河道学"的研究对象、内容与方法.地理学与国土研究，18（4）：82~85

吴忱，朱宣清.1991.晚更新世晚期以来华北平原的古河道分期与古环境特征.华北平原古河道研究论文集.北京：中国科学技术出版社：94~114

吴忱，许清海，赵明轩.1992.世界所有大河都有埋藏古河道.地理学与国土研究，8（2）：29~33

吴忱，许清海，阳小兰.2000.论华北平原的黄河古水系.地质力学学报，6（4）：1~9

吴乃琴，李丰江.1985.陆生蜗牛化石与中国黄土古环境研究.第四纪研究，28（5）：831~838

夏东兴，吴桑云，郁彰.1993.末次冰期以来黄河变迁.海洋地质与第四纪地质，13（2）：83~88

鲜本忠，姜在兴.2004.黄河三角洲地区全新世古气候烟花及其沉积响应.第八届古地理学与沉积学学术会议论文摘要集，46~47

鲜本忠，姜在兴.2005.黄河三角洲地区全新世环境演化及海平面变化.海洋地质与第四纪地质，25（3）：1~6

鲜本忠，姜在兴，胡书毅等.2003a.黄河三角洲冰冻沉积构造及其环境意义.沉积学报，21（4）：586~589

鲜本忠，姜在兴，杨林海等.2003b.黄河三角洲冰-泥互层及产出的沉积构造.海洋地质与第四纪地质，23（2）：25~31

辛春英，何良彪.1991.上新世晚期以来黄河三角洲地区的沉积作用.黄渤海海洋，9（1）：33~40

徐家声，孟毅，张效龙等.2006.晚更新世末期以来黄河口古地理环境的演变.第四纪研究，26（3）：327~333

徐建树. 2008. 山东庙岛群岛黄土的粒度特征及其环境意义. 研究报告 REPORTS：60～62

徐建树. 2010. 山东地区黄土沉积特征与环境意义及其与黄土高原的对比. 生态环境学报，19（5）：1197～1201

徐建树，潘保田，陈莹莹等. 2005. 陇西盆地晚更新世风成沉积物粒度参数对比. 海洋地质与第四纪地质，25（3）：145～150

徐建树，潘保田，李琼等. 2005. 陇西盆地末次冰期黄土粒度特征及其环境意义. 沉积学报，23（4）：702～708

许国辉，贾永刚，郑建国等. 2004. 黄河水下三角洲塌陷凹坑构造形成的水槽试验研究. 海洋地质与第四纪地质，24（3）：37～40

许清海，王子惠. 1991. 华北平原古河道的形成机制与条件. 华北平原古河道研究论文集. 北京：中国科学技术出版社：78～93

薛春汀. 2009. 7000 年来渤海西岸、南岸海岸线变迁. 地理科学，29（2）：217～222

薛春汀，成国栋，周永青. 1988. 黄河三角洲第四纪垦利组陆相沉积物与海平面变化的关系. 海洋地质与第四纪地质，8（2）：103～110

薛春汀，周永青，王桂玲. 2003. 古黄河三角洲若干问题的思考. 海洋地质与第四纪地质，23（3）：23～29

薛春汀，周永青，朱雄华. 2004. 晚更新世末至公元前 7 世纪的黄河流向和黄河三角洲. 海洋学报，26（1）：48～60

薛春汀，李绍全，周永青. 2008. 西汉末–北宋黄河三角洲（公元 11～1099 年）的沉积记录. 沉积学报，26（5）：804～812

杨怀仁，王建. 1990. 黄河三角洲地区第四纪海进与岸线变迁. 海洋地质与第四纪地质，10（3）：1～13

杨守业，蔡进功，李从先等. 2001. 黄河贯通时间的新探索. 海洋地质与第四纪地质，21（2）：15～19

杨玉珍. 2008. 黄河的历史变迁及其对中华民族发展的影响刍议. 古地理学报，10（4）：435～438

叶青超. 1982. 黄河三角洲的地貌结构及发育模式. 地理学报，37（4）：349～362

尹明泉，李采. 2006. 黄河三角洲河口段海岸线动态及演变预测. 海洋地质与第四纪地质，26（6）：35～39

于洪军. 1999a. 黄海、渤海陆架区可见黄河三角洲沉积的形成时代. 地质力学学报，5（4）：1～9

于洪军. 1999b. 中国东部陆架黄土成因的新探索. 第四纪研究，4：366～370

于秋莲，张展适，杜后发. 2010. 粒度分析在古环境中的应用. 能源研究与管理，（2）：49～52

袁红明，赵广明，庞守吉等. 2008. 黄河三角洲北部湿地多环芳烃分布与来源. 海洋地质与第四纪地质，28（6）：57～62

袁文英，吴忱. 1991. 古河道的含义及其在华北平原的标志. 华北平原古河道研究论文集. 北京：中国科学技术出版社：37～50

袁祖贵，楚泽涵，杨玉珍. 2005. 关于黄河三角洲地区莱州湾南岸平原湖泊消亡原因的讨论. 古地理学报，7（2）：283～286

袁祖贵，楚泽涵，杨玉珍. 2006. 黄河入海口径流量和输沙量对黄河三角洲生态环境的影响. 古地理学报，8（1）：125～130

张德二. 1984. 历史时期"雨土"现象剖析. 科学通报，27：294～297

张维英，韩美，李艳红. 2003. 山东莱州湾南岸平原古湖泊消亡原因初探. 古地理学报，5（2）：224～230

张祖陆. 1990. 鲁北平原黄和古河道初步研究. 地理学报，45（4）：457～466

张祖陆. 1995. 渤海莱州湾南岸平原黄土阜地貌及其古地理意义. 地理学报，50（5）：464～469

张祖陆，聂晓红，卞学昌．2004a．山东小清河流域湖泊的环境变迁．古地理学报，6（2）：226～232

张祖陆，辛良杰，聂晓红．2004b．山东地区黄土研究综述．地理科学，24（6）：746～751

赵景波．2003．黄土的本质与形成模式．沉积学报，21（2）：198～204

郑洪汉，朱照宇，黄宝林等．1994．山东半岛及苏皖北部黄土地层年代学研究．海洋地质与第四纪地质，14（1）：63～67

郑乐平，胡雪峰，方小敏．2002．长江中下游地区下蜀黄土成因研究的回顾．矿物岩石地球化学通报，21（1）：54～56

周良勇，刘健，刘锡清等．2004．现代黄河三角洲滨浅海区的灾害地质．海洋地质与第四纪地质，24（3）：19～27

周良勇，李广雪，刘健等．2006．黄河三角洲潮滩剖面特征．海洋地质与第四纪地质，26（2）：1～8

周良勇，李安龙，龚淑云等．2007．黄河口附近海域表层悬浮体分布及粒度特征．海洋地质与第四纪地质，27（5）：33～38

朱长歧，汪稔，符策简．1994．WR-Ⅱ型海洋静力触探（SCPT）数据处理系统中的岩土力学分层模型．岩土力学，15（2）：78～88

朱光明．1988．垂直地震剖面法．北京：石油工业出版社

朱晓东，葛晨东，蒋松柳，朱大奎．1998．江苏中南部潮滩有孔虫特征及其与环境的关系．海洋学报，20（5）：75～82

DiSiena J P, Gaiser J E. 1983. Three-component vertical seismic profile: An application of Galperin's polarization-position correlation technique. Expanded Abstracts of the 53nd Annual Intenal SEG Meeting, 522～524

Folk R, Wand W C. 1957. Brazos Rivervar. A study in significance of grain size parameters. Journal of Sedimentary Petrology, 27（1）：3～26

Friedman G M, Sanders J E. 1978. Principles of Sedimentology. New York: John Wiley & Sons

Gou Z T, Ruddiman W F, Hao Q Z et al. 2002. Onset of Asian desertification by 22 Myz ago inferred from loess deposits in China. Nature, 416（14）：159～163

Hays J D, Imbrie J, Shackleton N J. 1976. Variations in the Earth's orbit: Pacemaker of the Ice Ages. Science, 194：1121～1132